企业常见事故预防要点

连雪山　编著

中国环境出版集团·北京

图书在版编目（CIP）数据

企业常见事故预防要点 / 连雪山编著. —北京：
中国环境出版集团，2018.4

ISBN 978-7-5111-3591-9

Ⅰ. ①企… Ⅱ. ①连… Ⅲ. ①企业管理—安全生产—
事故预防 Ⅳ. ① X928

中国版本图书馆 CIP 数据核字（2018）第 064131 号

出 版 人：武德凯
责任编辑：张维平
封面设计：韩海丽
责任校对：任　丽
出版发行：中国环境出版集团
　　　　　（100062 北京东城区广渠门内大街 16 号）
　　　　　网　　　址：http://www.cesp.com.cn
　　　　　联系电话：010-67112765（编辑管理部）
　　　　　发行热线：010-67125803，010-67113405（传真）
印　　刷：北京市联华印刷厂
经　　销：各地新华书店
版　　次：2018 年 4 月第 1 版
印　　次：2018 年 4 月第 1 次印刷
开　　本：880×1230　1/32
印　　张：6
字　　数：153 千字
定　　价：28.00 元

前　言

　　安全生产事关人民群众生命财产安全、企业健康发展和社会稳定大局。事故的发生往往离不开人的不安全状态。一直以来，安全生产工作受到高度重视，不断加大安全生产投入，改善安全生产的条件，强化安全生产的基础管理，努力实现安全生产形势的稳定和好转。

　　营造一个安全、平和的生产环境，需要全体员工的共同努力。然而许多员工，由于文化水平的局限、安全知识的匮乏和安全意识的淡薄，导致违反劳动纪律和违章操作等现象时有发生，轻则损害身体和健康，重则失去宝贵的生命。尤其让人痛心的是，这其中许多人既是事故的受害者，又是肇事者……这些血的教训警示我们，一定要让全体员工，特别是一线的操作工人学会基本的、常用的安全知识，具备足够的安全意识，掌握必要的安全技能。为此，我们组织有关人员编写了《企业常见事故预防要点》。本书详细介绍了企业中常见的事故，如机械伤害、高处坠落、触电等，以及这类事故发生的原因、应采取的应对措施。

　　随着我国社会、经济的不断发展，生活步伐也越来越快，人们对安全的要求也越来越高。"促进个人安全，保护家庭安全，提高社会安全"已不再局限于某个人或某企业的责任，而是针对个人、家庭、社会的一个连续的、动态的行为，启发及培养公众健康意识是全社会的责任。把安全印在心上，才会有美好的未来！为了您和家人的幸福、为了您和他人的健康，请认真阅读这本安全手册，掌握日常生产和生活中必备的安全知识，努力提高自身的安全意识和素质。

目　录

第一章　解析企业常见事故 1

一、安全生产意识淡薄是造成事故的最大隐患 2

二、违反劳动纪律 6

三、事故预防模式 9

四、安全管理的六项原则 12

五、安全管理的择优原则 16

六、现代安全管理的主要内容 18

七、安全第一的必要性 20

第二章　控制人的不安全行为 23

一、人的行为与安全 24

二、安全行为的个性因素 26

三、作业人员的13条不安全心理状态 29

四、事故隐患的十大特征 32

五、安全心理学 36

六、运用安全心理学原理控制人的不安全行为 38

七、控制人的不安全行为 42

第三章　杜绝物的不安全状态 45

一、不安全状态 46

二、设备不安全状态的主要形态 47

三、物的不安全状态和安全技术措施 49

四、安全检查 56

五、设备、设施安全管理的内容 ……………………………… 57

六、设备、设施的安全管理 ……………………………………… 58

七、特种设备安全管理 …………………………………………… 61

第四章　作业环境危险源辨识 …………………………… 65

一、危险有害因素识别的目的及意义 ……………………… 66

二、重要概念 …………………………………………………… 66

三、危险、有害因素分类、辨识方法及内容 ………………… 67

四、作业环境危险有害因素的辨识 ………………………… 76

五、控制危险、危害因素的对策措施 ……………………… 78

六、安全评价单元的划分原则与方法 ……………………… 79

第五章　减少管理缺陷 …………………………………… 87

一、安全管理缺陷因素分析 …………………………………… 88

二、做好安全管理工作七条经验 …………………………… 89

三、安全管理对策 …………………………………………… 94

第六章　企业常见事故预防要点 ……………………… 99

一、机械伤害预防要点 ……………………………………… 100

二、设备故障伤害预防要点 ………………………………… 109

三、触电伤害预防要点 ……………………………………… 115

四、焊接作业伤害事故预防要点 …………………………… 125

五、电工作业伤害预防要点 ………………………………… 134

六、物体打击伤害预防要点 ………………………………… 139

七、高处坠落伤害预防要点 ………………………………… 147

八、消防事故预防要点 ……………………………………… 157

九、车辆伤害预防要点 ……………………………………… 166

十、受限空间作业伤害预防要点 …………………………… 168

十一、常见外伤的现场救护 ………………………………… 175

第一章

解析企业常见事故

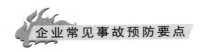

一、安全生产意识淡薄是造成事故的最大隐患

1. 安全生产意识淡薄是造成安全生产事故的最大隐患

许多职工入职后虽经短时间的安全教育，但由于缺乏工作实践，对安全生产的认识较差，认为最重要的是学技术，掌握生产技术才是硬本领，而对学习安全知识，掌握安全生产技术则很不重视。更有些人部是抱着侥幸心理，认为伤亡事故离自己十分遥远，不会落到自己头上，但是血的教训告诉我们，安全生产意识淡薄是最大的隐患。

2. 未经培训上岗，无知酿成悲剧

有的生产经营单位招聘了职工后，不进行厂、车间、班组三级安全教育。职工未经安全生产、劳动保护培训就上岗，缺乏最基本的安全生产常识，冒险蛮干，违章作业，一旦发生事故，则惊慌失措，酿成悲剧。

3. 违反安全生产规章制度导致事故

企业的安全生产规章制度是企业规章制度的一部分，是建立现代企业制度的重要内容，企业全体员工上至厂长经理，下至每一名工人都必须遵守。尤其是新工人更应该注意，来到一个新的陌生的环境，在好奇心的驱使下忘记了企业的安全生产规章制度，对什么东西都想动一动、摸一摸，因此造成了安全事故，使自己受到伤害，或者伤害他人，或者被他人伤害。

因不落实安全规章制度而造成的劳动环境存在以下不安全状态：

（1）防护、保险、信号等装置缺乏或有缺陷。

（2）设备、设施、工具、附件有缺陷。结构不合安全要求，通道门遮挡视线，制动装置有缺陷，安全间距不够，挡车网有缺陷，工件有锋利毛刺、毛边，设施上有锋利倒棱。

（3）强度不够。机械强度和绝缘强度不够，起吊重物的绳索不合安全要求。

（4）设备在非正常状态下运行。带"病"或超负荷运转。

（5）维修、调整不当。设备失修，地面不平，保养不当，设备失灵。

（6）个人防护用品用具缺少或有缺陷。

（7）生产（施工）场地环境不良：

① 照明光线不良，照度不足，作业场地烟尘弥漫，视物不清，或光线过强；

② 通风不良，风流短路，停电停风时放炮作业，瓦斯排放未达到安全浓度时放炮作业，瓦斯浓度超限；

③ 作业场所狭窄、作业场地杂乱，工具、制品、材料堆放不安全；林业采伐时，未开"安全道"。

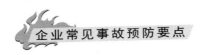

（8）交通线路的配置不安全，操作工序设计或配置不安全，地面湿滑，地面有油或其他液体，冰雪覆盖，地面有其他易滑物。

4. 违反劳动纪律造成事故

一个不以严格的纪律要求员工队伍的企业，是一个缺乏市场竞争力的企业。血的教训一再告诉我们，一名不遵守劳动纪律的职工，往往就是一起重大事故的责任者。违反劳动纪律的主要表现如下：

（1）上班前饮酒，甚至上班的时候饮酒。

（2）上班无故迟到，下班早退。

（3）工作时间开玩笑，嬉戏打闹。

（4）不按规定穿戴工作服和个人防护用品。

（5）在禁烟区随意吸烟，乱扔烟头。

（6）不坚守岗位，随意串岗聊天。

（7）企业生活无规律，上班时无精打采。

（8）工作时不全神贯注，思想开小差。

（9）上夜班时偷偷睡觉。

（10）不服从上级正确调度指挥，自作主张随意更改规章。

（11）无视纪律，自由散漫，上班时间吊儿郎当。

5. 违反安全操作规程十分危险

安全操作规程是人们在长期的生产劳动实践中，以血的代价换来的科学经验总结，是工人在生产操作中不得违反的安全生产技术规程。员工在生产劳动中如果不遵守安全操作规程，后果将十分危险，轻则受伤，重则丧命，对此，每个员工都万万不可掉以轻心。

违反安全操作规程的主要表现如下：

（1）操作错误、忽视安全、忽视警告。未经许可或未给信号就开动、关停、移动机器，开关未锁紧，造成意外转动、通电或漏电等，忘记关闭设备，忽视警告标记，奔跑作业，供料或送料速度过快，工件紧固不牢，用压缩空气吹铁屑等。

（2）错误调整安全装置，造成安全装置失效。

（3）使用不牢固的设施，使用无安全装置的设备。

（4）用手替代工具，用手清除切屑，不用夹具固定、用手拿工件进行机加工，物体（指成品、半成品、材料、工具、切属和生产用品等）存放不当。

（5）进入危险场所。冒险进入涵洞，接近漏料处，无安全设施，林业采伐、集材、运材、装车时，未经安全监察人员允许就进入油罐或井中，未"敲帮问顶"，就开始矿井作业，在易燃易爆场合动用明火，私自搭乘矿车，在绞车道行走，未及时观望。

（6）在机器运转时加油、修理、调整、焊接、清扫等，有分散注意力的行为。

（7）在必须使用个人防护用品用具的作业或场合中忽视其作用。未戴护目镜或面罩，未戴防护手套，未穿安全鞋，未戴安全帽，未戴呼吸护具，未佩戴安全带。

（8）不安全装束。在有旋转零件的设备旁作业时穿过于肥大的服装，操纵带有旋转部件的设备时戴手套。

二、违反劳动纪律

（1）酒后上岗、值班中饮酒。精神亢奋、思维混乱，易导致冒险操作及误操作。

（2）脱岗、窜岗、睡岗不能及时发现异常状况；不能及时沟通信息。

（3）误传调度指令；贻误时机、损坏设备、人员伤亡重要指令要领会清楚并向对方复述，得到肯定后方可执行。

（4）工作不负责任，擅自离岗，玩忽职守，违反劳动纪律。不能及时发现异常状况；发现异常状况视而不见；不能及时沟通信息。

（5）在工作时间内从事与本职工作无关的活动。精力不集中，不能随时掌握岗位生产状态，简化工作程序，遗漏安全巡检。

（6）专职监护人擅自脱岗，没有进行不间断监护。使作业人得不到全过程监护，作业人违章时无人制止，发生意外时无人救助。

（7）在高处作业区内打闹，使用手机，不认真工作和监护等。引发高空坠落、落物伤人；静电引发火灾爆炸；造成操作人意外事故。

（8）监护人、值班负责人不仔细审核操作人拟订的操作票，便签名并同意操作。因操作人疏忽造成操作票填写错误，导致流程误操作。

（9）代替他人在操作票、各类报表上签名。因签字人对操作程序不了解，对工艺参数、运行状态不清楚，造成错误操作，报表数据错误。

（10）操作中图便利，委托他人代为操作。因操作者对工艺流程、设备性能、操作规程不熟悉，造成误操作，引发事故。

（11）岗位交接班马虎，不进行逐项交接，使接班人对上一班存在的问题，未完成的工作不清楚，造成事故。

（12）使用工作计算机浏览网页、打游戏造成病毒攻击，破坏工作网站，锁定工作页面。

（13）不按规定时间、路线巡回检查使存在的问题不能及时发现，部分数据录取不到位。

（14）填写当班记录敷衍了事，不按时录取数据，编造假资料数据时效性差，造成假资料。

（15）不按规定进行原油、水质化验，凭经验填写凭证、化验单造成计量交接损失，损坏设备。

（16）不注意节水节电，有"长明灯""长流水"现象，造成水电浪费。

（17）员工在油气区、值班室、站内倒班点吸烟引发火灾、爆炸事故，加强门卫管理，杜绝站内吸烟。

（18）用工业电视监控系统代替重点场所巡回检查，使存在的问题得不到及时发现。

（19）在生产区晾晒衣物影响企业形象。

（20）不按时上下班、迟到早退、不假外出、到假不归影响单位正常工作的开展，应加强纪律约束，严肃进行处理。

（21）不按规定穿戴劳保防护用品造成个人伤害加强进站前的劳保检查，加强作业期间安全监督。

（22）带闲杂人员进入生产区域乱动设备引发事故，误入危险区域造成个人伤害，应加强门岗管理。

（23）无故不参加生产会议及各类技术学习培训，对单位生产、安全形势不了解，个人技术、安全素质得不到提高，应从规范员工行为的角度加强管理。

（24）随意损坏生产设施及劳动工具引发事故及降低工作效率，应加强管理，严厉惩治。

（25）无故不服从管理，顶撞领导，随心所欲使所从事的具体工作落实不到位，或引发误操作，应加强管理，用制度约束。

（26）使用工作电话闲聊，使电话长时间占线无端占用有效资源，影响生产信息有效沟通，应加强管理，用制度约束。

（27）控制室、值班室、配电室等场所吃零食，用餐引发鼠患，致使电缆、信号线短路、断路。

（28）临时有事，请无关人员替岗不能及时发现隐患，造成误操作。

（29）他人进行危险操作时，开玩笑、吓人造成误操作引发事故及人身伤害。

三、事故预防模式

1. 事故预防的原则

事故预防应当明确事故可以预防，能把事故消除在发生之前的基本原则：

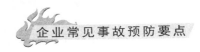

（1）"事故可以预防"的原则；

（2）"防患于未然"原则；

（3）"对于事故的可能原因必须予以根除"原则；

（4）"全面治理"原则。

2. **事故预防模式**

事故预防的模式分为事后型模式和预期型模式两种。

（1）事后型形式。这是一种被动的对策，即在事故或灾难发生后进行整改，以避免同类事故再发生的一种对策。这种对策模式遵循如下技术步骤：事故或灾难发生—调查原因—分析主要原因—提出整改对策—实施对策—进行评价—新的对策。

（2）预期型模式。这是一种主动、积极地预防事故或灾难发生的对策。显然是现代安全管理和减灾对策的重要方法和模式。其基本的技术步骤是：提出安全或减灾目标—分析存在的问题——找出主要问题—制定实施方案—落实方案—评价—新的目标。

3. **事故的一般规律分析**

事故的发生是完全具有客观规律性的。通过长期研究和分析，安全专业人员已总结出了很多事故理论，如事故致因理论事故、事故模型、事故统计学规律等。事故的最基本特性就是因果性、随机性、潜伏性和可预防性。

（1）因果性。事故的因果性是指事故由相互联系的多种因素共同作用的结果，引起事故的原因是多方面的，在伤亡事故调查分析过程中，应弄清楚事故发生的因果关系，找到事故发生的主要原因，才能对症下药。

（2）随机性。事故的随机性是指事故发生的时间、地点、事故后果的严重性是偶然的。这说明事故的预防具有一定的难度。但是，事故这种随机性在一定范畴内也遵循统计规律。从事故的统计资料中可以找到事故发生的规律性。因而，事故统计分析对制定正确的预防措施有重大的意义。

（3）潜伏性。表面上事故是一种突发事件。但是事故发生之前有一段潜伏期。在事故发生前，人、机、环境系统所处的这种状态是不稳定的，也就是说系统存在着事故隐患，具有危险性。如果这时有一个触发因素出现，就会导致事故的发生。在生产活动中，企业较长时间内未发生事故，如麻痹大意，就是忽视了事故的潜伏性，这是生产中的思想隐患，是应予克服的。

（4）可预防性。现代工业生产系统是人造系统，这种客观实际给预防事故提供了基本的前提。所以说，任何事故从理论和客观上讲，都是可预防的。认识这一特性，对坚定信念，防止事故发生有促进作用。因此，人类应该通过各种合理的对策和努力，从根本上消除事故发生的隐患，把工业事故的发生降到最小限度。

4. 一般的事故预防措施

从宏观的角度，对于意外事故的预防原理称为"三 E 对策"，即事故的预防具有三大预防技术和方法。

（1）工程技术对策：即采用安全可靠性高的生产工艺，采用安全技术、安全设施、安全检测等安全工程技术方法，提高生产过程的本质安全化。

（2）安全教育对策：即采用各种有效的安全教育措施，提高员工的安全素质。

（3）安全纪律对策：即采用各种管理对策，协调人、机、环境的关系，提高生产系统的整体安全性。

处理事故的"四不放过原则"

即发生事故后，要做到事故原因没查清，当事人未受到教育，整改措施未落实，事故责任者未追究，都不能放过四不放过的原则。

四、安全管理的六项原则

1. 管生产同时管安全

安全寓于生产之中，并对生产发挥促进与保证作用。因此，安全与生产虽有时会出现矛盾，但从安全、生产管理的目标、目的，表现出高度的一致和完全的统一。

安全管理是生产管理的重要组成部分，安全与生产在实施过程，两者存在着密切的联系，存在着进行共同管理的基础。

国务院在《关于加强企业生产中安全工作的几项规定》中明确指出："各级领导人员在管理生产的同时，必须负责管理安全工作。""企业中各有关专职机构，都应该在各自业务范围内，对实现安全生产的要求负责。"

管生产同时管安全，不仅是对各级领导人员明确安全管理责任，同时，也向一切与生产有关的机构、人员，明确了业务范围内的安全管理责任。由此可见，一切与生产有关的机构、人员，都必须参与安全管理并在管理中承担责任。认为安全管理只是安全部门的事，是一种片面的、错误的认识。

各级人员安全生产责任制度的建立，管理责任的落实，体现了管生产同时管安全。

2. 坚持安全管理的目的性

安全管理的内容是对生产中的人、物、环境因素状态的管理，有效的控制人的不安全行为和物的不安全状态，消除或避免事故。达到保护劳动者的安全与健康的目的。

没有明确目的安全管理是一种盲目行为。盲目的安全管理，充其量只能算作花架子，劳民伤财，危险因素依然存在。在一定意义上，盲目的安全管理，只能纵容威胁人的安全与健康的状态，向更为严重的方向发展或转化。

3. 必须贯彻预防为主的方针

安全生产的方针是"安全第一、预防为主、综合治理"。安全

第一是从保护生产力的角度和高度，表明在生产范围内，安全与生产的关系，肯定安全在生产活动中的位置和重要性。

进行安全管理不是处理事故，而是在生产活动中，针对生产的特点，对生产因素采取管理措施，有效地控制不安全因素的发展与扩大，把可能发生的事故，消灭在萌芽状态，以保证生产活动中人的安全与健康。

贯彻预防为主，首先要端正对生产中不安全因素的认识，端正消除不安全因素的态度，选准消除不安全因素的时机。在安排与布置生产内容的时候，针对生产中可能出现的危险因素。采取措施予以消除是最佳选择。在生产活动过程中，经常检查、及时发现不安全因素，采取措施，明确责任，尽快地、坚决地予以消除，是安全管理应有的鲜明态度。

4. 坚持"四全"动态管理

安全管理不是少数人和安全机构的事，而是一切与生产有关的人共同的事。缺乏全员的参与，安全管理不会有生气、不会出现好的管理效果。当然，这并非否定安全管理第一责任人和安全机构的作用。生产组织者在安全管理中的作用固然重要，全员性参与管理也十分重要。

安全管理涉及生产活动的方方面面，涉及从开工到竣工交付的全部生产过程，涉及全部的生产时间，涉及一切变化着的生产因素。

因此，生产活动中必须坚持全员、全过程、全方位、全天候的"四全"动态安全管理。

只抓住一时一事、一点一滴，简单草率、一阵风式的安全管理，是走过场、形式主义，不是我们提倡的安全管理作风。

5. 安全管理重在控制

进行安全管理的目的是预防、消灭事故，防止或消除事故伤害，保护劳动者的安全与健康。在安全管理的四项主要内容中，虽然都是为了达到安全管理的目的，但是对生产因素状态的控制，与安全管理目的关系更直接，显得更为突出。因此，对生产中人的不安全行为和物的不安全状态的控制，必须看作是动态的安全管理的重点。事故的发生，是由于人的不安全行为运动轨迹与物的不安全状态运动轨迹的交叉。从事故发生的原理，也说明了对生产因素状态的控制，应该当作安全管理重点，而不能把约束当作安全管理的重点，是因为约束缺乏带有强制性的手段。

6. 在管理中发展和提高

既然安全管理是在变化着的生产活动中的管理，是一种动态。其管理就意味着是不断发展的、不断变化的，以适应变化的生产活动，消除新的危险因素。然而更为需要的是不间断地摸索新的规律，总结管理、控制的办法与经验，指导新的变化

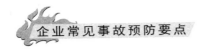

后的管理，从而使安全管理不断地上升到新的高度。

五、安全管理的择优原则

安全管理的择优原则是安全管理择优观念的具体体现。是在安全管理中进行满意选择和优化工作的准则。为此，树立安全管理的择优观念并在具体管理活动中实现，要进一步明确安全管理的择优原则。一般来说，安全管理的择优原则主要有以下几点。

1. 整体优化原则

安全管理的整体优化，是指整个安全管理系统的优化，安全管理全过程的优化，也是指安全管理总目标实现的优化。一般地说，安全管理的整体优化和局部优化是辩证统一的关系，整体优化要以局部优化为基础，局部优化则要以整体优化为前提。但是，整体优化往往不一定是局部优化的简单相加，而是局部优化的综合。为此，在安全管理中坚持整体优化的原则，要正确处理整体与局部的关系，要通过各种有效的手段，利用各种政策和方法，减少它们之间的矛盾，增强整体功能。

2. 全面比较原则

没有比较，就没有鉴别；没有鉴别，就不能选择。从这个意义上说，择优是一个比较的概念。在安全管理中进行择优，要进行多种方案的全面比较。所谓多种方案的全面比较，包括对各种安全管理目标方案的比较，对各种安全管理目标实施方案的比较，也包括对各种安全管理评价方案的比较。同时，在比较过程中，还要全面分析考虑各种影响因素，这些因素既包括安全管理系统内部的可能影响因素，又包括安全管理系统外部的可能影响因素；既包括眼前的可能影响因素，又包括长远的可能影响因素。

在安全管理的择优中进行各种方案的全面比较，要坚持标准。因此，这里所讲的"全面"，其实也是相对的。

3. 定性与定量相结合的原则

在企业安全管理的择优中，定性分析是定量分析的前提。定性分析的目的是确定优选方案的质的规定性。因此，只有进行定性分析，才能确保择优的方向，才能确定优劣的标准。否则，单纯的定量分析，没有质的规定标准，就没有区别优劣的界限，也就无所谓方案的满意不满意。

定量分析的目的是确定优选方案的量的要求。量是指事物存在和发展的规模和水平。定量分析的作用是在定性分析的前提下，确定事物大小、好坏、优劣的程度和水平。例如对于一个企业安全生产决策方案的选择，定性分析只能规定优劣的方向、界限、标准，而量的分析则可进一步衡量优劣的程度和水平。

一般地说，任何事物质和量的统一表现为一定的度。所谓度，表示在一定限度内，由数量的增减不会引起质的变化，而超出了一定的界限就会引起质的改变。为此，

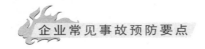

在企业安全管理的方案择优中，要坚持定性分析与定量分析相结合的原则，目的就是要从质的研究出发，通过量的计算，达到对度的把握。

六、现代安全管理的主要内容

现代安全管理的意义、目的和重要任务在于，变传统的事故管理为现代的事件分析与隐患管理（变事后型为预防型）；变传统的静态安全管理为现代的动态安全管理；变过去企业只顾经济效益的安全辅助管理为现代的效益、环境、安全与卫生的综合效果的管理；变传统的被动、辅助、滞后的安全管理程式为现代主动、本质、超前的安全管理程式。

① 以预防事故为中心，进行预先安全分析与评价。

② 从总体出发，实行系统安全生产管理应当从工程计划可行性研究中的安全论证开始，继而渗透到系统的纵向和横向管理中去，包括安全设计、安全审核、安全评价，安全制度、安全教育、安全操作，安全检修、安全检查及事故管理等各项安全工作。

③ 对安全进行定量分析，为安全管理、事故预测和选

择最优方案提供科学的依据。

④ 从提高设备的可靠性入手，把安全同生产的稳定发展统一起来。

（1）事故

事故是指造成人员死亡、伤害、职业病、财产损失或其他损失的以外事件。

（2）事件

事件的发生可能造成事故，也可能并未造成任何损失。对于没有造成职业病、死亡、伤害、财产损失或其他损失的事件可称之为"未遂事件"或"未遂过失"。因此，事件包括事故事件，也包括未遂事件。

事故隐患：泛指生产系统中可导致事故发生的人的不安全行为、物的不安全状态和管理上的缺陷。

危险：根据系统安全工程的观点，危险是指系统中存在导致发生不期望后果的可能性超过了人们的承受程度。

安全：是指免遭不可接受危险的伤害。

风险：风险是危险、危害事故发生的可能性与危险、危害事故严重程度的综合度量。衡量风险大小的指标是风险率（R），它等于事故发生的概率（P）与事故损失严重程度（S）的乘积。

重大危险源：从安全生产角度，危险源是指可能造成人员伤害、疾病、财产损失、作业环境破坏或其他损失的根源或状态。

我国标准《重大危险源辨识》（GB 18218—2000）和《中华人民共和国安全生产法》对重大危险源做出了明确的规定。《中华人民共和国安全生产法》第九十六条的解释是：重大危险源，是指长期地或者临时地生产、搬运、使用或者储存危险物品，且危险物品的数量等于或者超过临界量的单元（包括场所和设施）。

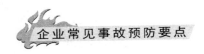

七、安全第一的必要性

从经济学角度上看，安全并非是一种商品和产品，可以直接换取现金；但只有保证安全，才能保证生产正常运行，才不至于造成生产停顿，职工的情绪不稳，社会声誉下降等。总之没有安全的保障，企业是不能长治久安的。

1. 安全生产立法

人类对安全的需求也是无止境的。我们知道安全是发展经济的保障和前提，同时也是推动经济发展的动力。应当承认，党和政府对生产事故是高度重视的，针对食物中毒、火灾、矿难等频频发生的恶性事件，党和政府在 1985 年就颁发了《中华人民共和国药品管理法》，1993 年 5 月的《中华人民共和国矿山安全法》，1995 年的《中华人民共和国食品卫生法》，1998 年的《中华人民共和国消防法》以及 2002 年 11 月颁布的《中华人民共和国安全生产法》，在全国的各行各业都相应立法，以法律来保障人民生命财产的安全。同时，为了加强安全生产的统一领导，国家安全生产委员会在 2003 年 11 月 29 日正式成立。这也表明了党和政府对安全生产不仅是从宏观上管理，也从微观管理上下手，直接插入到各行业的具体安全生产中。法令法规的颁布，充分反映了保护劳动者合法权益，促进生产和经济发展的社会趋势。

2. 生产事故新动向

从近年来的安全事故来看，我们不难发现，一是交通运输，煤矿及公共聚集场所为事故的多发领域；二是县乡地区发生的事故居多，瓦斯爆炸事故多数发生在乡镇个体煤矿；三是非公有制个体私营企业发生事故居多，如烟花爆竹、个体运输、个体网吧、私人诊所等，四是农民工、外来工成为伤亡事故的主体。可以说事故是五花八门，但又相对集中。

3. 生产事故的根本致因

（1）人本主义与经济利益的矛盾

媒体报道安全事故的致因都是说领导不重视。监管不严，操作不当，安全投入不够等。但事故的致因归纳起来只有一条："就是目前整个社会片面强调经济发展，导致对生命权的漠视"。有些企业只顾眼前利益，不顾生产的客观规律，强令工人加班加点，设备超负荷带病运行。有些企业，上面来检查说坚决取缔，下面却说根据经济发展给予保留；上级说停产整顿，下级则白天停产，晚上加班；经济利益与生命权、健康权的天平上，经济法码就比安全法码重。

（2）无知、蛮干对科学防灾的轻视

管理人员的无知及工人们的蛮干，也是导致事故原因之一，有的工人为了赶进度、抢时间，把主要精力集

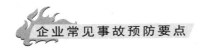

中到了生产方面，"走捷径""找窍门"，故意违章作业。常有一些工人为了完成规定的产量而忽视采取安全措施，为了节省时间而故意违反安全规程，以危险的方式进行作业。有些基层干部为了多出产量有时也故意违章指挥。有的职工对安全有片面的理解，认为自己只管干活挣钱，安全不安全是领导或老板的事，自己违章操作也无所谓，事故前工人心理生理状态的变化也是事故发生的直接原因。根据几年来参加几起事故分析和对工人的接触，对事故既是肇事者又是受害者的职工来说不外乎以下几个原因：

① 情绪过于兴奋或忧郁，牵挂工作之外的事务，注意力分散。

② 任务急迫或受人催促，急于下班办理私事。

③ 自认为经验丰富，过于自信，存在冒险和侥幸心理。

④ 各种原因导致睡眠不足，因身心过度疲劳而产生睡意。

⑤ 由于照明不足、噪声干扰，未细心观察造成感知错觉、判断失误。

⑥ 教育培训不足、工龄短、不能预知危险，急于完成任务而从事自己不熟悉的操作。

⑦ 好胜性格导致在工作中逞能、炫耀。

⑧ 因疾病、体弱或酗酒导致动作失调、体力不支。

第二章

控制人的不安全行为

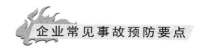
一、人的行为与安全

　　影响安全的因素主要有三个，一是物的因素，二是人的因素，三是环境因素。事实证明，大量的伤害事故主要是人的渎职或失误而造成的。由于人的不安全行为导致的事故，要比物的不安全状态造成的多，所以在安全工作中，既要搞好物质的本质安全，更要注意避免人的不安全行为。

　　人的一切行为都是有目的、有计划的，人通过学习、实践获得知识。人的行为是由意识所支配，如当人们意识到口渴，看到水时就拿来喝。生产过程中，人们受完成任务意识的支配，就要通过具体的生产动作加以实施。人的行为还取决于个人的知识和心理、生理状态及其不同的需要。如人由于疾病或饮酒过量等原因可导致心理意识不正常，就会失去对行为的调节控制能力，因此出现了不安全行为。

　　生产劳动过程中，人的行为对安全又起着决定性的作用。一项安全技术措施的应用能否被其直接受益人所接受，主要取决于受益人的安全意识和心理、生理等因素。下面重点谈谈影响安全的人的心理与不安全的行为。

根据动机、情绪、态度和个性差异等因素，不安全行为可分为：有意识不安全行为和无意识不安全行为。有意识不安全行为是指有目的、有意识、明知故犯的不安全行为，其特点是不按客观规律办事，不尊重科学，不重视安全。如一些人把安全制度、规定、措施视为束缚手脚的条条框框，头脑里根本没有"安全"二字，不愿意改变错误的操作方法或行为，甚至发生事故；有些人懂得安全工作的重要，但工作马虎，麻痹大意。还有些人明知有危险，迎着危险上，企图侥幸过关，致使事故发生。

无意识的不安全行为是一种非故意的行为，行为人没有意识到其行为是不安全行为。人可能随时随地碰到预先不知道的情况，加上外界也源源不断地供给人各种信息，因此，就存在如何处理这些信息和采取什么行为的问题。在人机系统中，人正确地处理信息，就是正确判断来自人机接口的信息，再通过人的行为正确地操作，从而通过人机接口实现正确的信息交换。人的信息处理能力，核心在于判断，即是以本身记忆的知识与经验为前提，与操作对象的信息和反馈信息进行比较的过程。同时，往往还要受到人的生理和心理因素的限制或影响。

无意识的不安全行为，就是在其信息处理过程中，由于感知的错误、判断失误和信息传递误差造成的。其典型因素有：

（1）视觉、听觉错误。

（2）感觉、认识错误。

（3）联络信息的判断、实施、表达误差；收讯人对信息没有充分确认和领会。

（4）由于条件反射作用而完全忘记了危险。如烟头突然烫手，马上把烟头扔掉，正好扔到易燃品处就引起火灾。

（5）遗忘。

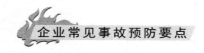

（6）单调作业引起意识水平降低。如汽车行驶在平坦、笔直的路上，司机可能出现意识水平降低。

（7）精神不集中。

（8）疲劳状态下的行为。

（9）操作调整错误，主要是技能不熟练或操作困难等。

（10）操作方向错误。主要是没有方向显示，或与人习惯方向相反。

（11）操作工具等作业对象的形状、位置、布置、方向等选择错误。

（12）异常状态下的错误行为。即紧急状态下，造成惊慌失措，结果导致错误行为。

另外，还有酗酒、病态以及现场有害因素的影响，使人处于一种失控状态，也能产生不安全行为。

搞好安全生产，必须经常有意识地克服和消除上述各种不安全因素。

二、安全行为的个性因素

人的安全行为是复杂和动态的，具有多样性、计划性、目的性、可塑性，并受安全意识水平的调节，受思维、情感、意志等心理活动的支配，同时也受道德观、人生观和世界观的影响；态度、意识、知识、认知决定人的安全行为水平，因而人的安全行为表现出差异性。不同的企业职工和领导，由于上述人文素质的不同，会表现出不同的安全行为水平；同一个企业或生产环境，同样是职工或领导，由于责任、认识等因素的影响，因而会表现出对安全的不同态度、认识，从而表现出不同的安全行为。要达到对不安全行为的抑制，面对安全行为进行激励，需要研究影响人行为的因素。

影响人的安全行为的个性心理因素如下：

（1）情绪对人的安全行为的影响。情绪为每个人所固有，是受客观事物影响的一种外在表现，这种表现是体验又是反应，是冲动又是行为。从安全行为的角度：情绪处于兴奋状态时，人的思维与动作较快；处于抑制状态时，思维与动作显得迟缓；处于强化阶段时，往往有反常的举动，这种情绪可能导致思维与行动不协调、动作之间不连贯，这是安全行为的忌讳。当不良情绪出现时，可临时改换工作岗位或暂时让其停止工作，不能把因情绪可能导致的不安全行为带到生产过程中去。

（2）气质对安全行为的影响。气质是人的个性的重要组成部分。它是一个人所具有的典型的、稳定的心理特征。气质使个人的安全行为表现为独特的个人色彩。例如，同样是积极工作，有的人表现为遵章守纪，动作及行为可靠安全；有的人则表现为蛮干、急躁，安全行为较差。因此，分析职工的气质类型，合理安排和支配，对保证工作时的行为安全有积极作用。人的气质分为四种：多血质，活泼、好动、敏捷、乐观，情绪变化快而不持

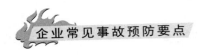

久，善于交际，待人热情，易于适应变化的环境，工作和学习精力充沛，安全意识较强，但有时不稳定；胆汁质，易于激动，精力充沛，反应速度快，但不灵活，暴躁而有力，情感难以抑制，安全意识较前者差；黏液质，安静沉着，情绪反应慢而持久，不易发脾气不易流露感情，动作迟缓而不灵活，在工作中能坚持不懈、有条不紊，但有惰性，环境变化的适应性差；抑郁质：敏感多疑，易动感情，情感体验丰富，行动迟缓、忸怩、腼腆，在困难面前优柔寡断，工作中能表现出胜任工作的坚持精神，但胆小怕事，动作反应慢。在客观上，多数人属于各种类型之间的混合型。人的气质对人的安全行为有很大的影响，每个人都有不同的特点和对安全工作的适宜性。因此，在工种按排、班组建设、使用安全干部和技术人员，以及组织和管理工人队伍时，要根据实际需要和个人特点来进行合理调配。

（3）性格对人的安全行为的影响。性格是每个人所具有的、最主要的、最显著的心理特征，如有的人心怀坦白，有的人诡计多端；有的人克己奉公，有的人自私自利等。性格表现在人的活动目的上，也表现在达到目的的行为方式上。性格较稳定，不能用一时的、偶然的冲动作为衡量人的性格特征的根据。但人的性格不是天生的，是在长期发展过程中所形成的稳定的方式。人的性格表现多种多样，有理智型、意志型、情绪型。理智型用理智来衡量一切，并支配行动；情绪型的情绪体验深刻，安全行为受情绪影响大；意志型有明确目标，行动主动、安全责任心强。

（4）安全行为自觉性方面的性格特征，表现在从事安全行动的目的性或盲目性、自动性或依赖性、纪律性或散漫性；安全行为的自制方面，表现有自制能力的强弱，约束或放任，主动或被动等；安全行为果断性方面的特征，表现在长期的工作过程中，安全行为是坚持不懈还是半途而废，严谨还是松散，意志顽强还是懦弱。

三、作业人员的 13 条不安全心理状态

根据安全心理学分析，作业人员不的安全心理状态主要表现在以下方面：

1. 骄傲自大、争强好胜

自己能力不强，但自信心过强，总认为自己有工龄，有时也感觉力不从心，但在众人面前争强好胜，图虚荣、不计后果，蛮干冒险作业。

2. 情绪波动，思想不集中

受社会、家庭环境等客观条件影响，产生烦躁，神志不安，思想分散，顾此失彼，手忙脚乱，或者高度喜悦、兴奋、手舞足蹈、得意忘形，导致不安全行为。

3. 技术不熟练，遇险惊慌

操作技术不熟练，生产工艺不熟，而对突如其来的异常情况，正常的思维活动受到抑制或出现紊乱，束手无策，惊慌失措，甚至茫然无措。

4. 盲目自信，思想麻痹

特别是青年工人和一部分有经验的老工人，他们在安全规程面前"不信邪"，在领导面前"不在乎"，把群众提醒当成"耳旁风"，把安监人员的监视视为"大麻烦"。盲目自信，自以为绝对安全，我行我素。

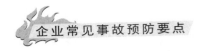

5. 盲目从众，逆反心理

看见别人违章作业，盲目照着学，对执行安全规章制度有逆反心理。如登高作业把安全帽系在腰间；看见领导来了赶快脱下手套，领导一走又戴手套操作旋转机床。

6. 侥幸心理

侥幸心理是许多违章人员在行动前的一种重要心态。有这种心态的人，不是不懂安全操作规程，缺乏安全知识，也不是技术水平低，而多数是"明知故犯"。在他们看来，"违章不一定出事，出事不一定伤人，伤人不一定伤我"。这实际上是把出事的偶然性绝对化了。在实际作业现场，以侥幸心理对待安全操作的人，时有所见。例如，干某件活应该采取安全防范措施而不采取；需要某种持证作业人员协作的而不去请，自己违章代劳；该回去拿工具的不去拿，就近随意取物代之等。

7. 惰性心理

惰性心理也可称为"节能心理"，它是指在作业中尽量减少能量支出，能省力便省力，能将就凑合就将就凑合的一种心理状态，它是懒惰行为的心理根据。在实际工作中，常常会看到有些违章操作是由于干活图省事、嫌麻烦而造成的。例如有的操作工人为节省时间，用手握住零件在钻床上打孔，而不愿动手事先用虎钳或其他夹具先夹固后再干；有些人宁愿冒点险也不愿多伸一次手、多走一步路、多张一次口；有些人明知机器运转不正常，但也不愿停车检查修理，而是让它带"病"工作。凡此种种，都和惰性心理有关。

8. 无所谓心理

无所谓心理常表现为遵章或违章心不在焉，满不在乎。这里也有几种情况：一是本人根本没意识到危险的存在，认为什么章程不章程，章程都是领导用来卡人的。这种问题出在对安全、对章程缺乏正确认识上。二是对安全问题谈起来重要，干起来次要，比起来不要，在行为中根本不把安全条例等放在眼里。三是认为违章是必要的，不违章就干不成活。

无所谓心理对安全的影响极大，因为他心里根本没有安全这根弦，因此在行为上常表现为频繁违章。有这种心理的人常是事故的多发者。

9. 好奇心理

好奇心人皆有之。它是人对外界新异刺激的一种反应。有的人违章，就是好奇心所致。例如刚进厂的新工人来到厂里，看到什么都新鲜，于是乱动乱摸，造成一些机器设备处于不安全状态，其结果或者直接危及本人，或者殃及他人。有的人好奇心很重，周围发生什么事都会引起他的注意，结果影响正常操作，造成违章甚至事故。

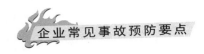

10. 工作枯燥，厌倦心理

从事危险、单调重复工作的人员,容易产生心理疲劳、厌倦心理。

11. 错觉，下意识心理

这是个别人的特殊心态。一旦出现,后果极为严重。

12. 心理幻觉，近似差错

有些职工感到自己"莫明其妙"违章,其实是人体心理幻觉所致。

13. 环境干扰，判断失误

在作业环境中, 温度、色彩、声响、照明等因素超出人们感觉功能的限度时, 会干扰人的思维判断, 导致判断失误和操作失误。

四、事故隐患的十大特征

事故隐患是客观存在的, 存在于企业的生产全过程, 而且对职工的人身安全, 国家的财产安全和企业的生存、发展都直接构成威胁。正确认识隐患的特征, 对熟悉和掌握隐患产生的原因, 及时研究并落实防范对策是十分重要的。

安全工作中出现的事故隐患, 通常是指在生产、经营过程中有可能造成人身伤亡或者经济损失的不安全因素, 它包含人的不安全因素、物的不安全状态和管理上的缺陷。事故隐患主要的有以下 10 个特征:

1. 隐蔽性

隐患是潜藏的祸患, 它具有隐蔽、藏匿、潜伏的特点, 是不可明见的灾祸, 是埋藏在生产过程中的隐形炸弹。它在一定的时间、一定的范围、一定的条件下，显现出好似静止、不变的状态，往往使人一时看不清楚，意识不到，感觉不出它的存在。正由于"祸患常积于疏忽"，才使隐患逐步形成、发展成事故。在企业生产过程中，常常遇到认为不该发生事故的区域、地点、设备、工具，却发生了事故。这都与当事者不能正确认识隐患的隐蔽、藏匿、潜伏特点有关。事故带来的鲜血告诫我们：隐患就是隐患，隐患不及时认识和发现，迟早要演变成事故。

2. 危险性

俗话说："蝼蚁之穴，可以溃堤千里"，在安全工作中小小的隐患往往引发巨大的灾害。无数血与泪的历史教训都反复证明了这一点。在安全上哪怕一个烟头、一盏灯、一颗螺钉、一个小小的疏忽，都有可能发生危险。

3. 突发性

任何事都存在量变到质变，渐变到突变的过程，隐患也不例外。集小变而为大变，集小患而为大患是一条基本规律，所谓"小的闹、大的到"，就是这个道理。如在化工企业生产中，常常要与易燃易爆物质打交道，有些原辅燃材料本身的燃点、闪点很低，爆炸极限范围很宽，稍不留意，随时都有可能造成事故的突然发生。

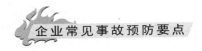
4. 因果性

某些事故的突然发生是有先兆的，隐患是事故发生的先兆，而事故则是隐患存在和发展的必然结果。俗话说："有因必有果，有果必有因"，在企业组织生产的过程中，每个人的言行都会对企业安全管理工作产生不同的效果，特别是企业领导对待事故隐患所持的态度不同，往往会导致安全生产的结果截然不同，所谓"严是爱，宽是害，不管不问遭祸害"，就是这种因果关系的体现。

5. 连续性

实践中，常常遇到一种隐患掩盖另一种隐患，一种隐患与其他隐患相联系而存在的现象。例如：在产成品运转站，如果装卸搬运机械设备、工具发生隐患故障，就会引起产品堆放超高、安全通道堵塞、作业场地变小，并造成调整难、堆放难、起吊难、转运难等方面的隐患，这种连带的、持续的、发生在生产过程的隐患，对安全生产构成的威胁很大，搞不好就会导致"拔出萝卜带出泥，牵动荷花带动藕"的现象发生，而使企业出现祸不单行的局面。

6. 重复性

事故隐患治理过一次或若干次后，并不等于隐患从此销声匿迹，永不发生了，也不会因为发生一两次事故，就不再重复发生类似隐患和重演历史的悲剧。只要企业的生产方式、生产条件、生产工具、生产环境等因素未改变，同一隐患就会重复发生。甚至在同一区域、同一地点发生与历史惊人相似的隐患、事故，这种重复性也是事故隐患的重要特征之一。

7. 意外性

这里所指的意外性不是天灾人祸，而是指未超出现有安全、卫生标准的要求和规定以外的事故隐患。这些隐患潜伏于人—机系统中，有些隐患超出人们认识范围，或在短期内很难为劳动者所辨认，但由于它具有很大的巧合性，因而容易导致一些意想不到的事故的发生。一些隐患引发的事故，带有很大的偶然性、意外性，往往是在日常安全管理中始料不及的。

8. 时效性

尽管隐患具有偶然性、意外性一面，但如果从发现到消除过程中，讲求时效，是可以避免隐患演变成事故的；反之，时至而疑，知患而处，不能有效地把握隐患治理在初期，必然会导致严重后果。对隐患治理不讲时效，拖得越久，代价越大。

9. 特殊性

隐患具有普遍性，同时又具有特殊性。由于人、机、料、法、环的本质安全水平不同，其隐患属性、特征是不尽相同的。在不同的行业、不同的企业，不同的岗位，其表现形式和变化过程，更是千差万别的。即使同一种隐患，在使用相同的设备、相同的工具从事相同性质的作业时，其隐患存在也会有差异。

10. 季节性

某些隐患带有明显的季节性和特点，它随着季节的变化而变化。一年四季，夏天由于天气炎热、气温高、雷雨多、食物易腐烂变质

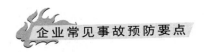

等情况的出现，必然会带来人员中暑、食物中毒、洪涝、雷击。使用、维修电器的人员又会因为汗水过多而产生触电等事故隐患；冬季又会由于天寒地冻、风干物燥，而极易产生火灾、冻伤、煤气中毒等事故隐患……充分认识各个季节特点，适时地、有针对性地做好隐患季节性防治工作，对于企业的安全生产也是十分重要的。

五、安全心理学

研究劳动中意外事故发生的心理规律并为防止事故发生提供科学依据的工业心理学领域。其主要研究内容有：

（1）意外事故的人的因素的分析；

（2）工伤事故肇事者的特性研究；

（3）防止意外事故的心理学对策等。

意外事故发生的原因，可分为人的因素和物的因素两个方面。人的因素有疲劳、情绪波动、不注意、判断错误、人事关系等。物的因素如设备发生故障、仪器失灵以及工作条件不良等。物的因素之所以导致事故，又与人的管理不善、维护不良等有关。因此，在人和物这两个因素中，人的因素是主要的、大量的。在生产越来越自动化的情况下，人的劳动由具体操作向感知判断转换，由技能向技术转换，由动向静转换，人的因素就更显得突出。

对事故肇事者个人因素，包括智力、年龄、性别、工作经验、情绪状态、个性、身体条件等的研究表明，智力与事故的发生率并不呈负相关关系。智力高者在从事较为一般的工作时有时也会发生事故；而智力低者在从事智力要求较低的工作时，发生事故的情况并不多。年龄与事故的发生却有明显的联系，很多工种中的事故多发生在年轻工人身上。如在交通事故中，约 70% 的事故发生在 30 岁以下的司机身上。情绪因素与工伤事故发生率的关系表明：工人愉快和满足时工伤事故发生率低；愤怒、受挫、忧虑时工伤事故发生率较高。

从人的因素出发解释事故发生的原因时，有两种理论较为流行，一种是事故倾向理论，另一种是生物节律理论。

事故倾向理论假设，事故总是由少数几个人造成的，这几个容易出事故的人，不管工作情境如何，也不管干什么工作，总要出事故。研究也确实表明，50% 的事故是由 10% 的人造成的。这些人就是所谓的易出事故者。这一理论颇有吸引力。因为，根据这一理论，只要对易出事故的人加以分析，发现他们个性的共同特征，然后把这些共同的个性特征作为标准，就可以预测出易出事故者。这就为减少事故提供了依据。然而对这一理论持反对看法的人也很多。反对者认为，事故倾向不是一成不变的，一个人不是时时处处都易发生事故。有些人做某种工作容易发生事故，而做另一种工作并不发生事故。一个人过去的事故记录并不能作为预测此人将来是否出事故的依据。

生物节律理论认为，人的体力、情绪和智力是起伏变化的，它们各有自己的高潮期和低潮期。体力 23 天、情绪 28 天、智力 33 天为一周期。在高潮期与低潮期相互转移的"临界期"间，由于机体内部发生剧烈变化，往往注意力不集中、心不在焉，所以容易出

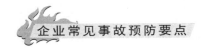

差错。如果在临界期内多加注意，即可避免事故的发生。节律周期的换算方法是以出生日为基点，将出生日至测定当天为止的总天数分别除以23天、28天和33天，其余数即为当天的体力基数、情绪基数和智力基数。对此理论持反对意见的人认为其理论依据不足。这种理论并没有说清为什么以出生日为基点，而不以怀孕日为基点；也没有说清三种周期为什么人人都一样而没有个别差异。而且宣传这三种节律只会使人盲目乐观、忽视安全。

为防止意外事故的发生，安全心理学提出一些对策，如从业人员的选拔（即职业适宜性检查），机器的设计要符合工程心理学要求，开展安全教育和安全宣传，以及培养安全观念和安全意识等。

六、运用安全心理学原理控制人的不安全行为

在生产过程中，人的不安全行为和物的不安全状态是造成事故的两个直接原因。但人的不安全行为占主导地位，而人的行为与心理因素有关。

要想不发生或减少事故的发生，实现安全生产，关键是要控制和约束人的不安全行为。

（1）要正确运用激励机制，每个人都是有自尊心和荣誉感的，要激发和鼓励他们的上进心，必须要有一定的激励机制，才能让职工全身心地做好本职工作。如何正确选用激励方式，做到对症下药、有的放矢是至关重要的。首先要掌握信息，了解情况，才能做到心中有数。其次要正确选择激励手段，一般来说，正面表扬或奖励容易调动积极性。而在一定的条件下，惩罚、批评也能起到一定的效果，但应以教育说理为主，在提高思想认识的同时，要为被激励者

排忧解难，改善不良的心理反应，诱导高尚的动机，引导他们产生积极的行为。实践证明，榜样的力量是无穷的，表扬、奖励一个单位或一个人就能鼓舞一大片人；惩处、通报一个单位或事故，能以儆效尤，教育一大片人。再则奖惩激励要及时。当前，我们正处于社会转型时期，经济的快速发展，各种利益主体的互相转化，对个人、整体都会产生各式各样的心理反应。因此，激励手段要及时。不要等问题积累成堆了或产生不良后果后才着手处理。

（2）正确运用自我调节机制，自我调节就是要自我控制，从而做到自觉遵守安全操作规程和劳动纪律，保证安全生产。从心理学的角度来分析，人的精神状态与工作效率成正比。但是，精神状态与安全状态不一定是正比的关系。精神状态的高潮期或低潮期属情绪不稳定时期，最容易发生差错或失误，属事故多发期。精神状态的组中值是精神稳定期，这时能力发挥稳定，工作起来有条不紊，不易发生事故。据此，要努力提高职工的个人修养，学会自我调节精神状态，要有自制力。人逢喜事精神爽，这时最容易冲动，要告诫自己保持冷静、淡然的心态，汲取乐极生悲的教训。而遇到困难和挫折时不要气馁，要有广阔的胸怀，要想得开，荣辱不惊，努力摆脱激情的不利影响。在工作压力大或精神状态欠佳的时候，要合理安排工作，劳逸结合，业余时间多参加文娱、体育健身活动，忘却烦恼，或找知心朋友、同事、领导倾诉，沟通思想释放压力，自我调节紧张状态，一张一弛乃文武之道。

（3）运用相互调节、制约机制，相互调节、制约就是要相互提醒、相互帮助、相互制约、共同搞好安全生产工作。人际关系之间的相互理解、默契和支持，会对双方心理状态产生重大的影响。稳定的心理状态与人的安全行为紧密相关，因此，相互调节、制约对安全生产起着重要的作用。相互调节、制约有群众调节和制约，领

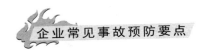

导调节和制约，组织调节和制约。

群众调节和制约，就是人与人之间要形成良好的人际关系，相互关心、相互爱护，相互帮助，相互提醒。在同事遇到危险的紧要关头，要敢于挺身而出，理智地防止事态进一步发生和发展。在现实生活中，因一句话、一挥手而避免和防止了事故发生的事例是不胜枚举的。

领导调节和制约，就是要求领导个人，一方面要以身作则，遵纪守法率先垂范，决不违章指挥；另一方面要敢抓敢管，认真组织好本单位的安全生产工作，坚决贯彻执行上级有关安全生产的指示精神，严格落实安全生产责任，建立健全安全生产规章制度、操作规程。一个单位安全生产工作的好与坏，很大程度上取决于领导对安全工作的重视程度。要真正落实行政一把手就是安全生产第一责任人。只有把安全生产第一责任人和安全生产具体工作者及职工的积极性结合起来，才能形成安全工作合力，实现齐抓共管的局面。

组织调节和制约，就是单位要做好安全宣传教育、培训工作，增强全员安全生产意识，提高职工安全素质，尤其是安全心理素质和自我保安能力的提高。

（4）调整安全心理状态，控制人的不安全行为，一个人对环境因素或外界信息刺激的处理程度，决定了人的行为性质，这与人的心理状态有着密切关系。因此，各级领导、安全技术人员、特别是操作者要学习安全心理学知识，掌握心理活动规律，在事故发生前调节和控制操作者的心理和行为，将事故消灭在萌芽状态。这无疑会对安全生产起到积极的作用。

① 运用人体生物节律的科学原理，事前预测分析人的智力、体力、情绪变化周期，控制临界期和低潮期，因人、因事、因时地做好政治思想工作，调节心理状态，掌握安全生产的主动权。

② 努力改善生产施工环境，尽可能消除如黑暗、潮湿、闷热、噪声、有害物质等恶劣环境对操作者的心理机能和心理状态的干扰，使操作者身心愉快地工作。

③ 要加强职工政治思想工作，经常和职工交流思想，了解掌握思想动态，教育职工热爱本职工作，进而随时掌握职工心理因素的变

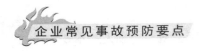

化状况、排除外界的不良刺激。

④ 要切实关心职工生活，解决职工的后顾之忧，使操作者注意力集中，一心一意做好本职工作，保证安全生产。

⑤ 要合理安排工作，注意劳逸结合，避免长时间加班加点、超时疲劳工作。人在疲劳状态下，易引起心理活动变化，注意力不集中，感觉机能会弱化，操作准确度下降，灵敏度降低，反应迟钝，造成动作不协调、判断失误等，从而引发事故。

总之，控制人的不安全行为是防止和避免事故发生的重要途径。应扎实做好政治思想工作，关心职工疾苦，及时掌握职工的心理状态，消除不良刺激，促使职工心理因素向良性转化，从而达到控制不安全行为，实现安全生产的目的。

七、控制人的不安全行为

人的不安全行为在事故的原因中占重要的位置，但人的行为是系统中最难控制的因素。因为人的失误是多方面原因造成的，如作业时间的紧迫程度，作业环境的条件好坏，作业的危险状况，个人的心理、生理素质，以及家庭、社会等影响因素，因此，要从多方面入手来解决人的不安全行为。行为科学认为，只有通过各种手段和措施，提高操作者发现、认识危险的能力，明确危险的后果，促使其形成安全动机，掌握避免危险、防止事故的技能，才会有安全行为，并使其逐渐养成安全习惯。

1. 职业适应性选择

要选择合格的员工以适应职业的要求。由于工作的类型不同，对员工的要求也不同，尤其是对职业禁忌症应加倍注意。公司在招聘和分配新员工时，应根据工作的要求，认真考虑员工个人素质，特别是对特殊工种应严格把关，避免因生理、心理素质的欠缺而发生工作失误。

2. 创造良好的工作环境

首先，良好的人际关系，积极向上的集体精神，能使员工心情舒畅地工作，积极主动地相互配合；其次，公司还要关心职工的生活，解决职工的实际困难，并做好职工家属工作，形成重视安全的社会风气，以和谐的社会环境来促进工作环境的改善。此外，良好的工作环境还包括安全、舒适、卫生的厂房、车间、设备区，应尽一切努力来消除工作环境中的有害因素，使机械、设备、环境适合人的工作，使人适应工作环境。

3. 大力推行标准化作业

编制好将工艺流程、质量标准、风险预控等多项要求融于一体

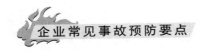

的"标准化作业指导书",规范作业程序、操作行为、质量标准,减少工作的随意性和盲目性,实现工作人员行为可控、工作质量在控的目标。

4. 深入开展危险点分析与控制

深入开展危险点分析与控制,加强小型作业现场的安全管理。针对近年来人身安全工作中所暴露的问题,各单位在重视较大范围的停电修试工作现场安全组织、技术措施落实的同时,要特别重视小型、单一工作现场的安全组织、技术措施的落实。

第三章

杜绝物的不安全状态

一、不安全状态

（1）防护、保险、信号等装置缺乏或缺陷：

① 无防护：无防护罩，无安全保险装置，无报警装置，无安全标志，无护栏或护栏损坏，（电气）未接地，绝缘不良，危房内作业，未安装防止"跑车"的挡车器或挡车栏。

② 防护不当：防护罩未在适应位置，防护装置调整不当，坑道掘进、隧道开凿支撑不当，防焊装置不当，采伐、集材作业安全距离不够，放炮作业隐蔽所有缺陷，电气装置带电部分裸露。

（2）设备、设施、工具、附件有缺陷：设计不当、结构不合安全要求，通道门遮挡视线，制动装置有缺陷，安全间距不够，挡车网有缺欠，工件有锋利毛刺、毛边，设施上有锋利倒棱。

（3）强度不够：机械强度不够，绝缘强度不够，起吊重物的绳索不合安全要求。

（4）设备在非正常状态下运行：带"病"运转、超负荷运转。

（5）维修、调正不良：设备失修，地面不平，保养不当、设备失灵。

（6）个人防护用品用具——防护服、手套、护目镜及面罩、呼吸器官护具、听力护具、安全带、安全帽、安全鞋等缺少或有缺陷：

① 无个人防护用品、用具。

② 所用防护用品、用具不符合安全要求。

（7）生产（施工）场地环境不良：

① 照明光线不良，照度不足，作业场地烟雾尘弥漫视物不清，光线过强。

② 通风不良：无通风，通风系统效率低，风流短路，停电停风时放炮作业，瓦斯排放未达到安全浓度时放炮作业，瓦斯浓度超限。

③ 作业场所狭窄，作业场地杂乱，工具、制品、材料堆放不安全。

（8）交通线路的配置不安全，操作工序设计或配置不安全，地面湿滑，地面有油或其他液体，冰雪覆盖或地面有其他易滑物。

二、设备不安全状态的主要形态

设备所显现的不安全状态随设备性质、类型不同而异，有的以单一的物理、化学或行为特性型态显现，有的则以多种型态组合显现。设备不安全状态可以分为以下四种型态。

1. 物理型态

设备在静止状态下所显现的危险性和有害性，以物理作用方式为主引发事故。如设备或部件外观有尖角、锐边、粗糙面、凸出物

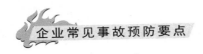

等对人体的割伤、擦伤、卡伤；高温设备或部件表面等均属于物理型不安全状态。

2. 化学型态

设备所显现的危险性和有害性，以化学作用方式为主引发事故。如电镀生产设备蒸发的有害蒸气引起中毒事故；管道输送易燃液体、气体泄漏引发的爆炸事故。化学型态又可分为原生型和次生型两种，原生型是指设备所散发的物质本身就具有危险性和有害性，可直接引发中毒、伤害、燃烧、爆炸等事故。而次生型，设备所散发物质自身并没有直接引发事故的危险性和有害性，而是通过与其他物质发生反应后形成新的、具有危险性和有害性的物质，所形成的新物质可引发事故。

3. 行为型态

设备在运动过程或在与其他物体相互作用的过程中所显现的危险和有害特性。实际生产中的设备都在不停地运转着，其不安全状态大多在运转过程中显现出来，因此，行为型态是机械、设备、仪器仪表、器具等类设备的一种很普遍的不安全型态。根据具体表现方式不同，行为型态又可分为参数超限型、交叉碰撞型、失控型、挤压型、咬合型、接触型。

4. 能量型态

上述三种物的不安全型态，在引发事故时都是以一定的能量形式向客体对象（受损物体或受害人员）释放。因此，物的不安全状态还体现在其可能释放的能量型态。根据释放的能量类型不同，将能量型态分为机械能型、热能型、电能型、电离辐射能型、化学能型和声能型，按释放能量大小可分为高能、中能、低能，按释放速度分高速、中速、低速，按能量大小与释放速度的组合分为高能—高速，高能—中速，高能—低速，中能—高速，中能—中速，中能—低速，低能—高速，低能—中速，低能—低速。组合型式不同，事故所造成的危害程度也不同，破坏最大的是高能—高速型，最小是低能—低速型。

三、物的不安全状态和安全技术措施

人机系统把生产过程中把发挥一定作用的机械、物料、生产对象以及其他生产要素统称为物。物都具有不同形式、性质的能量，有出现能量意外释放，引发事故的可能性。由于物的能量可能释放引起事故的状态，称为物的不安全状态。这是从能量与人的伤害间的联系所给予的定义。如果从发生事故的角度，也可把物的不安全状态看作曾引起或可能引起事故的物的状态。

在生产过程中，物的不安全状态极易出现。所有的物的不安全状态，都与人的不安全行为或人的操作、管理失误有关。往往在物的不安全状态背后，隐藏着人的不安全行为或人失误。物的不安全状态既反映了物的自身特性，又反映了人的素质和人的决策水平。

物的不安全状态的运动轨迹，一旦与人的不安全行为的运动轨

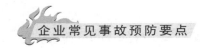

迹交汇，就是发生事故的时间与空间。所以，物的不安全状态是发生事故的直接原因。因此，正确判断物的具体不安全状态，控制其发展，对预防、消除事故有直接的现实意义。

针对生产中物的不安全状态的形成与发展，在进行施工设计、工艺安排、施工组织与具体操作时，采取有效的控制措施，把物的不安全状态消除在生产活动进行之前，或引发为事故之前，是安全管理的重要任务之一。

消除生产活动中物的不安全状态，是生产活动所必须的，又是"预防为主"方针落实的需要，同时，也体现了生产组织者的素质状况和工作才能。

1. 能量意外释放与控制方法

生产活动中一时也未间断过能量的利用，在利用中，人们给以能量种种约束与限制，使之按人的意志进行流动与转换，正常发挥能量用以做功。一旦能量失去人的控制，便会立即超越约束与限制，自行开辟新的流动渠道，出现能量的突然释放，于是，发生事故的可能性就随着突然释放而变得完全可能。

突然释放的能量，如果达及人体又超过人体的承受能力，就会酿成伤害事故。从这个观点去看，事故是不正常或不希望的能量意外释放的最终结果。

一切机械能、电能、热能、化学能、声能、光能、生物能、辐射能等，都能引发伤害事故。能量超过人的机体组织的抵抗能力，造成人体的各种伤害。人与环境的正常能量交换受到干扰，造成窒息或淹溺。能量媒介或载体与人体接触，将会把能量传递给人体造成伤害。

能量的类别不同，在突然释放时，所造成的人体伤害差别很大，造成事故的类别也是完全不同的。

人与能量接触而受到刺激，能否造成伤害和伤害程度，完全取决于作用能量的大小。能量与人接触的时间长短，接触频率高低，集中程度，接触人体部位等，也会影响对人的伤害严重程度。

人丧失了对能量的有效约束与控制，是能量意外释放的直接原因和根本原因。出现能量的意外释放，反应了人对能量控制认识、意识、知识、技术的严重不足。同时，又反应了安全管理认识、方法、原则等方面的差距。

发生能量意外释放的根本原因，是对能量正常流动与转换的失控。是人而不是能量本身。

2. **屏蔽**

约束、限制能量意外释放，防止能量与人体接触的措施，统称为屏蔽。常采用的屏蔽形式大致有：

（1）安全能源代替不安全能源。

（2）限制能量。

（3）防止能量蓄积。

（4）缓释能量。

（5）物理屏蔽。

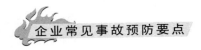

（6）时空隔离。

（7）信息屏蔽等。

3. 能量意外释放伤害及预防措施

人意外地进入能量正常流动与转换渠道而致伤害。有效的预防方法是采取物理屏蔽和信息屏蔽，阻止人进入流动渠道。

能量意外逸出，在开辟新流动渠道时达及人体而致伤害。发生此类事故有突然性，事故发生瞬间，人往往来不及采取措施即已受到伤害。预防的方法比较复杂，除加大流动渠道的安全性，从根本上防止能量外逸。同时在能量正常流动与转换时，采取物理屏蔽、信息屏蔽、时空等综合措施，能够减轻伤害的机会和严重程度。

出现这类事故时，人的行为是否正确，往往决定人的伤害或生存。在有毒有害物质渠道出现泄漏时，人的行为对人的伤害与生存关系，尤其明显。

能量意外释放，人进入能量新渠道而受到伤害。预防此类事故，完善能量控制系统最为重要，如自动报警、自动控制，既需要在出现能量释放时立即报警，又能进行自动疏放或封闭。同时在能量正常流动与转换时，应考虑非正常时的处理，及早采取时空隔离与物理屏蔽措施。

4. 安全技术措施的标准

安全技术是改善生产工艺，改进生产设备，控制生产因素不安全状态，预防与消除危险因素对人产生的伤害的科学武器和有力的手段。安全技术包括为实现安全生产的一切技术方法与措施，以及避免损失扩大的技术手段。

安全技术措施重点解决具体的生产活动中的危险因素的控制，预防与消除事故危害。发生事故后，安全技术措施应迅速将重点转移到防止事故扩大，尽量减少事故损失；避免引发其他事故。这就是安全技术措施在安全生产中，应该发挥的预防事故和减少损失两方面的作用。

安全技术与工程技术具有统一性，是不可割裂的。强行割裂则是一种严重错误，不符合"管生产同时管安全"的原则。

安全技术措施必须针对具体的危险因素或不安全状态，以控制危险因素的生成与发展为重点，以控制效果作为评价安全技术措施的唯一标准。其具体标准有如下几个方面：

（1）防止人失误的能力

是否能有效的防止工艺过程、操作过程中，导致产生严重后果的人失误。

（2）控制人失误后果的能力

出现人失误或险情，也不致发生危险。

（3）防止故障或失误的传递能力

发生故障、出现失误，能够防止引起其他故障和失误，避免故障或失误的扩大与恶化。

（4）故障、失误后导致事故的难易程度

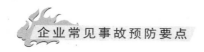

至少有两次相互独立的失误、故障同时发生，才能引发事故的保证能力。

（5）承受能量释放的能力

对偶然、超常的能量释放，有足够的承受能力，或具有能量的再释放能力。

（6）防止能量蓄积的能力

采用限量蓄积和溢放，随时卸掉多余能量，防止能量释放造成伤害。

5. 安全技术措施的优选顺序

预防是消除事故最佳的途径。针对生产过程中已知的或已出现的危险因素，采取的一切消除或控制的技术性措施，统称为安全技术措施。在采取安全技术措施时，应遵循预防性措施优先选择，根治性措施优先选择，紧急性措施优先选择的原则，依次排列。以保证采取措施与落实的速度，也就是要分出轻、重、缓、急。安全技术措施的优选顺序：

（1）根除危险因素—限制或减少危险因素—隔离、屏蔽、联锁故障—安全设计—减少故障或失误—校正行动。

根除、限制危险因素选择合理的设计方案、工艺、选用理想的原材料、本质安全设备，并控制与强化长期使用中的状态，从根本上解决对人的伤害作用。

（2）隔离、屏蔽

以空间分离或物理屏蔽，把人与危险因素进行隔离，防止伤害事故或导致其他事故。

（3）故障—安全设计

发生故障、失误时，在一定时间内，系统仍能保证安全运行。

系统中优先保证人的安全，依次是保护环境，保护设备和防止机械能力降低。故障—安全设计方案的选定，由系统故障后的状态决定。

（4）减少故障和失误

安全监控系统、安全系数、提高可靠性是经常采用的减少故障和失误的措施。

（5）警告

生产区域内的一切人员，需要经常的意识或注意：生产因素变化、警惕危险因素的存在。采用视、听、味、触警告，

以校正危险的行动。警告是提醒人们"注意"的主要方法，是校正人们危险行动的措施。

6. 生产作业环境的人机系统要求

工业生产是一套人、机、环境系统。系统因素合理匹配并实现"机宜人、人适机、人机匹配"，可使机、环因素更适应人的生理、心理特征，人的操作行为就可能在轻松中准确进行，减少失误，提高效率，消除事故。

生产作业环境中，温度、湿度、照明、振动、噪声、粉尘、有毒有害物质等，不但会影响人在作业中的工作情绪，不适度的、超过人的不能接受的环境条件，还会导致人的职业性伤害。对作业环境条件的概括要求：

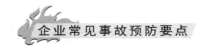

（1）照明必须满足作业的需要

强光线也叫炫光，使人眼出现疲劳与目眩。昏暗或过暗光，不但使人眼出现疲劳，还可能导致操作失误，甚至发生事故。

（2）噪声、振动的强度必须低于人生理、心理的承受能力

噪声、振动损伤人的听觉、影响人的神经系统和心脏功能，有损人的健康，降低工作效率，发生各类事故。

（3）有毒、有害物质的浓度必须降到允许标准以下

有毒、有害物质对人直接产生危害，长期在有毒、有害物质的环境中，能使人发生慢性中毒、职业病。出现急性中毒时会迅速造成死亡。

四、安全检查

（1）为了加强安全生产监督管理，防止和减少生产安全事故，保障施工人员和操作人员及人民群众生命财产安全，安全生产工作的目的是保护劳动者在生产过程中的安全与健康，维护企业的生产和发展。

（2）安全检查是及时发现不安全行为和不安全状态的重要途径，是消除事故隐患，落实整改措施，防止事故伤害，改善劳动条件的重要方法。

（3）预防事故伤害或把事故降低至最低水平，把事故伤害频率和经济损失降低到容许范围和同行业的先进水平。

（4）不断改善生产条件和作业环境，达到最佳安全状态。

（5）通过安全检查，可以发现施工中人、机、料、工、环的不安全状态、不卫生问题，从而采取对策，消除不安全因素，保障

安全生产。

（6）通过安全检查，进行一步宣传、贯彻、落实党和国家的安全生产方针、政策、法令、法规和安全生产规章制度。

（7）检查方法采取公司每双月组织一次安全大检查，各工程处专职安全员、资料员参加并按国家 JGJ 59—99 评分标准，对各项目部的安全生产、文明施工逐项进行检查评分、进行定量、定性分析，并存档，年终进行各单位安全生产评价，根据评价得分情况进行奖、惩。

（8）通过安全检查总结经验，互相学习，取长补短，有利于进一步促进安全工作的发展。

（9）定期检查时间：工程处每月一次，项目每周六均应进行安全检查；班组长、班组长兼职安全员班前对施工现场、作业场所、工具设备进行检查、班中验证考核，发现问题立即整改。

五、设备、设施安全管理的内容

设备安全管理的目的就是要在设备寿命周期的全过程中，采用各种技术措施，如设计阶段采取安全设计，提高防护标准，使用维修阶段制订安全操作规程、安全改造、改善维修等；组织措施，如

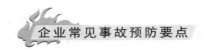

安全教育、事故分析处理、安全考核审查等，消除一切使设施设备遭受损坏、人身健康与安全受到威胁和环境遭到污染的因素或现象，避免事故的发生，实行安全生产，保护职工的人身安全与健康，提高生产经营管理的经济效益。

机械设备所引发的事故包括机械和人员伤害事故，具体分为：

（1）机械设备本身遭到破坏，无人员伤害的单纯机械事故；

（2）由于机械设备发生事故引起的其他性质的灾害，例如火灾、停电、停产等；

（3）由于机械设备发生事故而引起的人身伤亡事故；

（4）由于机械设备的原因（机械设备本身不一定发生事故）而引起的人身伤亡或职业病，以及对环境的污染等。

从保证生产设备安全运行角度出发，设备的安全管理范围应包括上述 4 种事故类型，但从生产经营单位内部常规的管理业务分工出发，上述 4 种事故类型通常由不同部门分别或协助管理。一般第（1）类事故由设备管理部门单独管理；第（2）、（3）类事故由设备管理部门与安全管理部门共同管理，其中设备管理部门侧重于设备损坏方面的管理，而安全管理部门则侧重于人员伤亡及引发的其他灾害（如火灾）方面的管理；第（4）类事故，由于机械设备未受到任何损坏，也不需要任何用于修复的直接费用开支，由安全管理部门管理。

六、设备、设施的安全管理

要完全消除物质系统的潜在危险是不可能的，而导致人的不安全行为的因素又非常之多。并且不安全状态与不安全行为往往又是相互关联的，很多不安全状态（机器设备的不安全状态）可以导致人的不安全行为，而人的不安全行为又会引起或扩大不安全状态。此外，任何事故发生都是一个动态过程，即人与物的状态都是随时间而变化的，事故的形成和发展是时间的函数。所以，加强安全管理是非常必要的。安全管理好，可能使不安全状态与不安全行为减少，反之，则会使不安全状态和不安全行为增加；安全管理不好，有时甚至会成为发生事故的根本原因。

1. **设备、设施设计与制造的安全保障**

（1）生产经营设备、设施应有配套的安全设备或安全警示装置

《安全生产法》第二十八条规定："生产经营单位应当在有较大危险因素的生产经营场所和有关设施、设备上，设置明显的安全警示标志。"

凡可产生危险、有害因素较大的场所、部位，都应设置相应的安全防护装置，例如，设备的可动零部件是否设置有相应的安全防护装置，凡人员易触及的可动零部件，应尽可能封闭或隔离。对于操作人员在设备运行时可能触及的可动零部件，必须配置必要的安全防护装置。对于运行过程中可能超过极限位置的生产

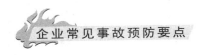

设备或零部件，应配置可靠的限位装置。

（2）安全设备设计、制造应符合安全标准要求

《安全生产法》第二十九条规定："安全设备的设计、制造、安装、使用、检测、维修、改造和报废应当符合国家标准或者行业标准。"有关安全设备设计、制造的安全要求，国家或行业部门已颁发了有关的安全标准，设计、制造单位必须执行。

2. 安全设备、设施使用、维护、检测的安全保障

《安全生产法》第二十九条规定："安全设备的设计、制造、安装、使用、检测、维修、改造和报废，应当符合国家标准或行业标准。生产经营单位必须对安全设备进行经常性维护、保养，并定期检测，保证正常运转。维护、保养、检测应当作好记录，并由有关人员签字。"根据这条规定，安全设备使用安全保障应包括安装使用方面的空保障和维护、保养、检测、管理方面的安全保障。

（1）设备安装的安全要求

设备安装好后，应逐项检查设备的安全状态及性能是否符合安全要求。检查的安全项目包括静态和动态两方面，静态检查项目在设备不运行的条件下进行，如设备表面安全性、安全防护距离等；如控制系统安全性能、可动部件安全防护性能、安全防护装置的工作性能与可靠性、设备运行中尘毒、易燃等的产生情况等。

（2）设备使用、维护保养的安全要求

安全设备使用应建立设备使用保养责任制，制定安全操作规程，实行操作证制度，以确保设备的安全正常运行。

（3）设备安全检测的要求

安全检测是了解设备运行状况，预测设备运行变化趋势的有效手段，其根本目的是避免安全设备故障或事故发生，保证生产经营

安全。

（4）设备的报废与淘汰

《安全生产法》第三十一条规定："国家对严重危及生产安全的工艺、设备实行淘汰制度。生产经营单位不得使用国家明令淘汰、禁止使用的危及生产安全的工艺、设备。"设备经长期运行使用，不断磨损、老化，生产效率、安全性、可靠性不断下降对这些设备就应进行报废处理以避免因设备不安全而引发事故。《安全生产法》从法律上对设备的报废、淘汰制度加以确认，有利于该制度的有效实施。设备报废或淘汰后，任何生产经营单位不得使用已报废、淘汰、禁止使用的危及生产安全的工艺与设备。

（5）建立设备安全档案

设备的档案管理是设备管理的基础性工作，它为生产经营单位设备安全管理提供信息、资料、和数据，通过对档案信息资料的整理、分析，可了解设备运行状态，为设备安全检查、检测、故障诊断、隐患整改等提供科学的依据。

七、特种设备安全管理

根据国务院第 373 号令《特种设备安全监察条例》，特种设备是指涉及生命安全、危险性较大的锅炉、压力容器(含气瓶，下同)、压力管道、电梯、起重机械、客运索道、大型游乐设施。

有关特种设备的事故基本都发生在使用过程中，因此，使用过程的安全管理是特种设备的管理重点。本书中所指的特种设备的安全管理就是指使用过程的安全管理。

特种设备使用单位必须对特种设备使用和运营的安全负责。按

照相关要求，做好使用过程的管理工作。

1. 特种设备的选购

特种设备的选购，除满足生产要求外，根据有关规定，必须保证安全要求，选购必须进行严格审查，保证产品质量符合出厂标准，同时达到使用和安全要求。特种设备使用单位应当使用符合安全技术规范要求的特种设备。特种设备投入使用前，使用单位应当核对购置的特种设备是否附有以下相关文件：

（1）安全技术规范要求的设计文件。

（2）产品质量合格证明。

（3）安装及使用维修说明。

（4）监督检验证明等文件。

2. 对特种设备使用单位的安全管理要求

（1）应当建立、健全特种设备安全管理制度和岗位安全责任制度。

（2）人员培训。应当对特种设备作业人员进行特种设备安全教育和培训。保证特种设备作业人员具备必要的特种设备安全作业知识。

（3）特种设备使用单位应当建立安全技术档案，安全技术档案应当包括以下内容：

①特种设备的设计文件、制造单位、产品质量合格证明、使用维护说明等文件以及安装技术文件和资料；

②特种设备的定期检验和定期自行检查的记录；

③特种设备的日常使用状况记录；

④特种设备及其安全附件、安全保护装置、测量调控装置及有关附属仪器仪表的日常维护保养记录；

⑤特种设备运行故障和事故记录。

（4）特种设备使用单位应当对在用特种设备进行经常性日常维护保养，并定期自行检查。

（5）特种设备使用单位对在用特种设备应当至少每月进行一次自行检查，并作出记录。

特种设备使用单位在对在用特种设备进行自行检查和日常维护保养时发现异常情况的，应当及时处理。

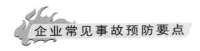

（6）特种设备使用单位应当对在用特种设备进行如下项目的检查，并进行定期校验、检修，并作出记录：

① 安全附件；

② 安全保护装置；

③ 测量调控装置及有关附属仪器仪表。

（7）特种设备使用单位应当按照安全技术规范的定期检验要求，在安全检验合格有效期届满前一个月向特种设备检验检测机构提出定期检验要求。未经定期检验或者检验不合格的特种设备，不得继续使用。

（8）特种设备出现故障或者发生异常情况，使用单位应当对其进行全面检查，消除事故隐患后，方可重新投入使用。

（9）特种设备存在严重事故隐患，无改造、维修价值，或者超过安全技术规范规定使用年限，特种设备使用单位应当及时予以报废，并应当向原登记的特种设备安全监督管理部门办理注销手续。

（10）特种设备使用单位应当制定特种设备的事故应急措施和救援预案。

（11）特种设备使用单位应当对特种设备作业人员进行特种设备安全教育和培训，保证特种设备作业人员具备必要的特种设备安全作业知识。

（12）特种设备作业人员在作业中应当严格执行特种设备的操作规程和有关的安全规章制度。

（13）特种设备作业人员在作业过程中发现事故隐患或者其他不安全因素，应当立即向现场安全管理人员和单位有关负责人报告。

第四章

作业环境危险源辨识

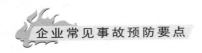

一、危险有害因素识别的目的及意义

危险有害因素识别的目的是：从安全管理的角度讲是为了将生产过程中存在的隐患进行充分地识别，并对这些隐患采取相应的措施，以达到消除和减少事故的目的。从安全评价的角度讲，是安全评价所必须做的一项工作内容。

做好这项工作的意义在于：能够为安全生产提供隐患的检查手段；能够充分认识到生产过程中所存在的危险有害因素；为减少事故、降低事故损害的后果打基础。

二、重要概念

危险——是指系统中存在导致发生不期望后果的可能性超过了人们的承受程度。一般用危险度来表示危险的程度。在安全生产管理中，危险度用生产系统中事故发生的可能性和严重性给出，即：

$$R=f\ (F,\ C)$$

式中 F——发生事故的可能性；

C——发生事故的严重性。

危险源——是指可能造成人员伤害、疾病、财产损失、作业环境破坏或其他损失的根源或状态。

危险、危害因素——是指能使人造成死亡、对物造成突发性损坏，或影响人的身体健康导致疾病，对物造成慢性损坏的因素。

事故隐患——人的不安全行为、物的不安全状态、管理上的缺陷，一旦有某个触发条件触发，就可发生事故。

三、危险、有害因素分类、辨识方法及内容

（一）危险、有害因素分类

按导致事故的直接原因进行分类，即根据《生产过程危险和有害因素分类与代码》（GB/T 13861—1992）的规定，将生产过程中的危险、有害因素分为 6 大类，37 小类。

1. 物理性危险、有害因素：包括设备和设施缺陷、电危害、高低温危害、噪声和振动、辐射、有害粉尘等共 15 种。

（1）设备、设施缺陷（强度不够、刚度不够、稳定性差、密封不良、应力集中、外形缺陷、外露运动件，制动器缺陷，控制器缺陷、设备设施其他缺陷）。

（2）防护缺陷（无防护、防护装置和设施缺陷、防护不当、支撑不当、防护距离不够、其他防护缺陷）。

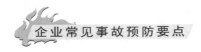

（3）电危害（带电部位裸露、漏电、雷电、静电、电火花、其他电危害）。

（4）噪声危害（机械性噪声、电磁性噪声、流体动力噪声、其他噪声）。

（5）振动危害（机械性振动、电磁性振动、流体动力性振动、其他振动）。

（6）电磁辐射危害（电离辐射、X射线）。

（7）运动物危害（固体抛射物、液体飞溅物、反弹物、岩上滑动、料堆垛滑动、气流卷动、冲击地压、其他运动物危害）。

（8）明火危害。

（9）能造成灼伤的高温物质危害（高温气体、高温固体、高温液体、其他高温物质）。

（10）能造成冻伤的低温物质危害（低温气体、低温固体、低温液体、其他低温物质）。

（11）粉尘与气溶胶危害（不包括爆炸性、有毒性粉尘与气溶胶）。

（12）作业环境不良危害（作业环境不良、基础下沉、安全过道缺陷、采光照明不良、有害光照、通风不良、缺氧、空气质量不良、给排水不良、涌水、强迫体位、气温过高、气温过低、气压过高、气压过低、高温高湿、自然灾害、其他作业环境不良）。

（13）信号缺陷危害（无信号设施、信号选用不当、信号位臵不当、信号不清、信号显示不准、其他信号缺陷）。

（14）标志缺陷危害（无标志、标志不清楚、标志不规范、标志选用不当、标志位置缺陷、其他标志缺陷）。

（15）其他物理性危险和危害因素。

2. 化学性危险、有害因素：包括易燃易爆、有毒、腐蚀等共5种。

（1）易燃易爆性物质（易燃易爆性气体、易燃易爆性液体、易燃易爆性固体、易燃易爆性粉尘与气溶胶、其他易燃易爆性物质）。

（2）自燃性物质。

（3）有毒物质（有毒气体、有毒液体、有毒固体、有毒粉尘与气溶胶、其他有毒物质）。

（4）腐蚀性物质（腐蚀性气体、腐蚀性液体、腐蚀性固体、其他腐蚀性物质）。

（5）其他化学性危险、危害因素。

3. 生物性危险、有害因素：如致病微生物、有害动植物等共5种。

（1）致癌微生物（细菌、病毒、其他致癌微生物）。

（2）传染病媒介物。

（3）致癌动物。

（4）致癌植物。

（5）其他生物性危险、危害因素。

4. 心理、生理性危险、有害因素：如健康异常、心理异常等共6种

（1）负荷超限（体力负荷超限、听力负荷超限、视力负荷超限、

其他负荷超限）。

（2）健康状况异常。

（3）从事禁忌作业。

（4）心理异常（情绪异常、冒险心理、过度紧张、其他心理异常）。

（5）辨识功能缺陷（感知延迟、辨识错误、其他辨识功能缺陷）。

（6）其他心理、生理性危险、危害因素。

5. 行为性危险、有害因素：如操作错误、指挥错误等共 5 种。

（1）指挥错误（指挥失误、违章指挥、其他指挥错误）。

（2）操作失误（误操作、违章作业、其他操作失误）。

（3）监护失误。

（4）其他错误。

（5）其他行为性危险和危害因素。

6. 其他危险、有害因素：作业空间不足、标识不清等。

也可参照《企业职工伤亡事故分类》（GB 6441—1986），综合考虑起因物、引起事故的诱导性原因、致害物、伤害方式等，将危险因素分为物体打击、车辆伤害等 20 类。

（1）物体打击：是指物体在重力或其他外力的作用下产生运动，打击人体造成人身伤亡事故，不包括因机械设备、车辆、起重机械、坍塌等引发的物体打击。如施工现场未戴安全帽，操作机床工件紧固不牢，堆物超高，吊扇附落等。

（2）车辆伤害：是指企业机动车辆在行驶中引起的人体伤害和

物体倒塌、飞落、挤压伤亡事故、不包括起重设备提升、牵引车辆和车辆停驶时发生的事故。如超载、超速、道路有障碍物，酒后驾驶、无证驾驶等。

（3）触电，包括雷击伤亡事故。如电线裸露，电器设备设备接地不良，超越高电压安全防护区域，电器箱框未封闭，电焊机绝缘不良，移动电焊机未切断电源，手持电动工具无漏电保护装胳，停电作业未挂"禁止合闸，有人工作"标示牌，建筑物防雷接地失效等。

（4）起重伤害：是指使用起重机械（行车、引钩、葫芦等）进行吊运时发生的伤害事故。如吊钩缺陷，超负荷吊运、吊索具缺陷、歪拉斜吊、限位失灵、吊物重心偏离，吊物缺口未垫物，配合失误、指挥信号错误，人在起吊物下作业、停留等。

（5）机械伤害：是指机械设备运动（静止）部件，工具、加工件直接与人体接触引起的夹击、碰撞、剪切、卷入、绞、碾、割、刺等伤害，不包括车辆、起重机械引起的机械伤害。如操作旋转机床戴手套，空压机防护罩破损，刀具缺陷，超长料伸出机床尾端缺保护，用手代替工具操作，操作冲床时手伸进冲压模等。

（6）淹溺，包括高处坠

落淹溺，不包括矿山、井下透水淹溺。如发生暴雨等特殊天气造成的人员淹溺，景观湖无防护措施人员不慎落水等。

（7）灼烫，是指火焰烧伤、高温物体烫伤、化学灼伤（酸、碱、盐、有机物引起的内外灼伤）、物理的灼伤（光、放射性物质引起的体内外灼伤），不包括电灼伤和火灾引起的烧伤。如蒸汽阀门泄漏、蒸汽管道破裂，焊割火星飞溅，焚烧炉操作不当，硫酸泄漏，打开过热炉时人正对观察孔等。

（8）火灾。如涂装区域明火，违反动动火作业规程，危险化学品泄漏，木工间遇明火，电线短路，电器设备过载，在危险化学品仓库（或油库）附近吸烟等。

（9）高处坠落，是指在高处作业中发生坠落造成的伤亡事故，不包触电坠事故。如登高作业未系安全带，安全带系在不牢靠物件上，活动梯构件破损，深坑无护栏，升降机护栏缺损，登高作业无人监护等。

（10）坍塌，是指物体在外力或重力作用下，超过自身的强度极限或因结构稳定性破坏而造成的事故，如挖沟时的土石塌方、脚手架坍塌、堆置物倒塌，不适用于矿山冒顶片帮和车辆、起重机械、爆炸引起的坍塌。

（11）冒顶片帮，指矿山、井下、坑道作业中发生的伤亡事故。

（12）透水，同上。

（13）放炮，是指爆破作业中发生的伤亡事故。

（14）火药爆炸，是指火药、炸药及其制品在生产、加工、运输、储存中发生的爆炸事故。

（15）瓦斯爆炸，指矿山、井下作业中瓦斯突然发生爆炸事故。

（16）锅炉爆炸。如压力表失灵，安全阀失灵，水位仪故障，锅炉用水不符合标准要求，违章操作锅炉等。

（17）容器爆炸。如储气罐、计量槽、油分离器等容器因设备缺陷、受热、操作失误等而引起的爆炸。

（18）其他爆炸。

（19）中毒和窒息，包括中毒、缺氧窒息、中毒窒息。如煤气泄漏，入罐检修等。

（20）其他伤害，是指除上述以外的危险因素，如摔、扭、挫、擦、刺、割伤等。

按照职业健康分类，参照《职业病范围和职业病患者处理办法的规定》，将危害因素分为生产性粉尘、毒物、噪声与振动、高温、低温、辐射、其他危害因素 7 类。

在进行危险源辨识时，也可以列出一份供参考的提示单，如：

（1）行走时地面湿滑；

（2）行走时地面有油；

（3）行走时地面有障碍物；

（4）行走时注意力分散；

（5）头上空间不足；

（6）可吸入的物质；

（7）可伤害眼睛的物质或试剂；

（8）楼梯无手栏或手栏损坏；

（9）可通过皮肤接触和吸收而造成伤害的物质；

（10）有害能量（噪声、

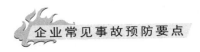

振动、放射等）对人体的伤害；

（11）过热环境；

（12）过冷环境；

（13）作业场所照明不良；

（14）涂料生产投料时吸入粉尘；

（15）焊接时吸放烟尘；

（16）焊接时未戴护目镜工面罩；

（17）电梯困人；

（18）使用砂轮机未戴护目镜；

（19）搬运有棱角材料未戴手套；

（20）作业现场通道堆手；

（21）在焊接强光作业现场停留；

（22）电工未穿绝缘鞋；

（23）在氨气压缩机现场巡视未戴耳塞；

（24）涂装区域通风不良；

（25）操作场地狭窄；

（26）仓库物品堆入不当；

（27）食堂厨师使用刀具不当；

（28）传染性疾病；

（29）食品变质；

（30）对员工的暴力行为等。

（二）辨识方法

1. 直观经验分析方法

（1）对照、经验法。对照有关标准、法规、检查表或依照分析人员的观察分析能力，借助于经验和判断能力直观对评价对象的危险、有害因素进行分析的方法。

（2）类比方法。利用相同或相似工程系统或作业条件的经验和劳动安全卫生的统计资料来类推、分析评价对象的危险、有害因素。

2. 系统安全分析方法

应用某些系统安全工程评价方法进行危险、有害因素辨识。系统安全分析方法常用于复杂、没有事故经历的新开发系统。常用的系统安全分析方法有事件树、事故树等。

（三）辨识内容

（1）厂址：工程地质、地形地貌、水文、气象条件等。

（2）总平面布置：功能分区、防火间距和安全间距、动力设施、道路、储运设施等。

（3）道路及运输：装卸、人流、物流、平面和竖向交通运输等。

（4）建（构）筑物：生产火灾危险性分类、库房储存物品的火灾危险性分类、耐火等级、结构、层数、防火间距等。

（5）工艺过程

① 新建、改建、扩建项目设计阶段：从根本消除的措施、预防性措施、减少危险性措施、隔离措施、联锁措施、安全色和安全标志几方面考查；

② 对安全现状综合评价可针对行业和专业的特点及行业和专业制定的安全标准、规程进行分析、识别；

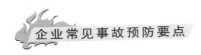

③ 根据归纳总结在许多手册、规范、规程和规定中典型的单元过程的危险、有害因素进行识别。

（6）生产设备、装备：工艺设备从高温、高压、腐蚀、振动、控制、检修和故障等方面；机械设备从运动零部件和工件、操作条件、检修、误操作等方面；电气设备从触电、火灾、静电、雷击等方面进行识别。

（7）作业环境：存在毒物、噪声、振动、辐射、粉尘等作业部位。

（8）安全管理措施：组织机构、管理制度、事故应急救援预案、特种作业人员培训等方面。

对于重大危险源，参照《重大危险源辨识》（GB 18218—2000）进行识别。

四、作业环境危险有害因素的辨识

生产中的原料、材料、半成品、中间产品、副产品以及储运中的物质分别以气、液、固态存在，它们在不同的状态下分别具有相对应的物理、化学性质及危险危害特性，因此，了解并掌握这些物质固有的危险特性是进行危险识别、分析、评价的基础。

危险物品的识别应从其理化性质、稳定性、化学反应活性、燃烧及爆炸特性、毒性及健康危害等方面进行分析与识别。

进行危险物品的危险、有害性识别与分析时，危险物品分为以下几类：

（1）易燃、易爆物质：引燃、引爆后在短时间内释放出大量能量的物质由于具有迅速地释放能量的能力产生危害，或者是因其爆炸或燃烧而产生的物质造成危害（如有机溶剂）。

（2）有害物质：人体通过皮肤接触或吸入、咽下后，对健康产生危害的物质。

（3）刺激性物质：对皮肤及呼吸道有不良影响（如丙烯酸酯）的物质。有些人对刺激性物质反应强烈，且可引起过敏反应。

（4）腐蚀性物质：用化学的方式伤害人身及材料的物质（如强酸、强碱）。

腐蚀性物质的危险有害性包括两个方面：一是对人的化学灼伤。腐蚀性物质作用于皮肤、眼睛或进入呼吸系统、食道而引起表皮组织破坏，甚至死亡；二是腐蚀性物质作用于物质表面如设备、管道、容器等而造成腐蚀、损坏。

腐蚀性物质可分为无机酸、有机酸、无机碱、有机碱、其他有机和无机腐蚀物质等五类。腐蚀的种类则包括电化学腐蚀和化学腐蚀两大类。

五、控制危险、危害因素的对策措施

1. 在系统或生产装置设计阶段，预防危险、危害因素的对策措施

（1）消除；

（2）预防；

（3）减弱；

（4）隔离；

（5）连锁；

（6）警告。

2. 在生产施工阶段，控制危险、危害因素的对策措施

（1）实行机械化、自动化；

（2）设置安全装置；

（3）机械强度试验；

（4）保证电气安全可靠（使用经安全认证的电气产品、重要设备设施和仪器有备用电源、应用各种防止人身触电的措施、电气防火防爆、应用防静电防雷电措施）；

（5）按规定维护保养和检修机器设备；

（6）保持工作场所合理布局；

（7）配备个人防护用品。

3. 危险、危害因素控制的基本常识

采取有效的危险、危害因素控制措施可以很好地预防事故的发生，降低事故损失。

（1）事故预防对策的基本要求

① 预防生产过程中产生的危险和危害因素；

② 排除工作场所的危险和危害因素；

③ 处置危险和危害物并减低到国家规定的限值内；

④ 预防生产装臵失灵和操作失误产生的危险和危害因素；

⑤ 发生意外事故时能为遇险人员提供自救条件的要求；

（2）事故预防技术措施分类

设计过程中，当事故预防对策与经济效益发生矛盾时，宜优先考虑事故预防对策上的要求，并应按下列事故预防对策等级顺序选择技术措施：

① 直接安全技术措施。生产设备本身具有本质安全性能，不出现事故和危害。

② 间接安全技术措施。若不能或不完全能实现直接安全技术措施时，必须为生产设备设计出一种或多种安全防护装臵，最大限度地预防、控制事故或危害的发生。

③ 指示性安全技术措施。间接安全技术措施也无法实现时须用检测报警装臵、警示标志等措施，警告、提醒作业人员注意，以便采取相应的对策或紧急撤离危险场所。

④ 若间接、指示性安全技术措施仍然不能避免事故、危害发生，则应采用安全操作规程、安全教育、培训和个人防护用品等预防、减弱系统的危险、危害程度。

六、安全评价单元的划分原则与方法

1. 以危险、有害因素的类别为主划分评价单元

（1）于工艺方案、总体布臵及自然条件、社会环境等综合方

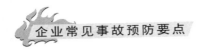

面对系统的影响，宜将整个系统作为一个评价单元；

（2）将具有共性危险因素、有害因素的场所和装置划为一个单元，即按有害因素的类别划分。

2. 以装置和物质特征划分评价单元

（1）按装置工艺功能划分。

（2）按布置的相对独立性划分。

（3）按工艺条件划分。

（4）按贮存、处理危险物质的潜在化学能、毒性和危险物质的数量划分。

腐蚀的危险与有害主要包括以下几类：

① 腐蚀造成管道、容器、设备、连接部件等损坏，轻则造成跑、冒、滴、漏，易燃易爆及毒性物质缓慢泄漏，重则由于设备强度降低发生裂破，造成易燃易爆及毒性物质大量泄漏，导致火灾爆炸或急性中毒事故的发生。

② 腐蚀使电气仪表受损，动作失灵，使绝缘损坏，造成短路，产生电火花导致事故发生。

③ 腐蚀性介质对厂房建筑、基础、构架等会造成损坏，严重时可发生厂房倒塌事故。

④ 当腐蚀发生在内部表面时，肉眼不能发现，会形成更大的隐患，如石油化工

设备由于测厚漏项而造成设备或管道破裂导致火灾爆炸事故的发生。

（5）有毒物质：以不同形式干扰。妨碍人体正常功能的物质，它们可能加重器官（如肝脏、肾）的负担，如氯化物溶剂及重金属（如铅）。

有毒物质危险有害因素的识别如下：

① 毒物是指以较小剂量作用于生物体能使生理功能或机体正常结构发生暂时性或永久性病理改变、甚至死亡的物质。毒性物质的毒性与物质的溶解度、挥发性和化学结构等有关，一般而言，溶解度越大其毒性越大，因其进入体内溶于体液、血液、淋巴液、脂肪及类脂质的数量多、浓度大，生化反应强烈所致；挥发性强的毒物，挥发到空气中的分子数多，浓度高，与身体表面接触或进入人体的毒物数量多，毒性大；物质分子结构与其毒性也存在一定关系，如脂肪族烃系列中碳原子数越多，毒性越大；含有不饱和键的化合物化学流行性（毒性）较大。

② 工业毒物按化学性质分类，在物质危险识别过程中是经常采用的分类方法，工业毒物的基本特性可以查阅相应的危险化学品安全技术说明书。

工业毒物的危害程度在《职业性接触毒物危害程度分级》（GB 5044—85）中分为：

Ⅰ级——极度危害；

Ⅱ级——高度危害；

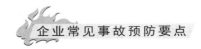

Ⅲ级——中度危害；

Ⅳ级——轻度危害。

列入我国国家标准中的常见毒物有 56 种，其中Ⅰ级 13 种，Ⅱ级 26 种，Ⅲ级 12 种，Ⅳ级 5 种。

工业毒物危害程度分级标准是以急性毒性、急性中毒发病情况、慢性中毒患病情况、慢性中毒后果、致癌性和最高容许浓度等六项指标为基础的定级标准。

（6）致癌、致突变及致畸物质：阻碍人体细胞的正常发育生长，致癌物造成或促使不良细胞（如癌细胞）的发育，造成非正常胎儿的生长，产生死婴或先天缺陷；致突物干扰细胞发育，造成后代的变化。

（7）造成缺氧的物质：蒸气或其他气体，造成空气中氧气成分的减少或者阻碍人体有效地吸收氧气（如二氧比碳、一氧化碳及氰化氢）。

（8）麻醉物质：如有机溶剂等，麻醉作用使使脑功能下降。

（9）氧化剂：在与其他物质，尤其是易燃物接触时导致放热反应的物质。

《常见危险化学品的分类及标志》（GB 13690—92）将 145 种常用的危险化学品分为爆炸品、压缩气体和液化气体、易燃液体、易燃固体（含自燃物品）和遇湿易燃物品、氧化剂和有机过氧化物、有毒品、放射性物品、腐蚀品等八类。

3. 生产性粉尘的危险有害因素识别

生产过程中，如果在粉尘作业环境中长时间工作吸入粉尘，就会引起肺部组织纤维化、硬化，丧失呼吸功能，导致肺病。尘肺病是无法治愈的职业病；粉尘还会引起刺激性疾病、急性中毒或癌症；

爆炸性粉尘在空气中达到一定的浓度（爆炸下限浓度）时，遇火源会发生爆炸。

（1）生产性粉尘主要产生在开采、破碎、粉碎、筛分、包装、配料、混合、搅拌、散粉装卸及输送除尘等生产过程。对其识别应该包括以下内容：

根据工艺、设备、物料、操作条件，分析可能产生的粉尘种类和部位。

用已经投产的同类生产厂、作业岗位的检测数据或模拟实验测试数据进行类比识别。

分析粉尘产生的原因，粉尘扩散传播的途径，作业时间，粉尘特性来确定其危害方式和危害范围。

（2）爆炸性粉尘的危险性主要表现为：

与气体爆炸相比，其燃烧速度和爆炸压力均较低，但因其燃烧时间长、产生能量大，所以破坏力和损害程度大，爆炸时粒子一边燃烧一边飞散，可使可燃物局部严重炭化，造成人员严重烧伤。

最初的局部爆炸发生之后，会扬起周围的粉尘，继而引起二次爆炸、三次爆炸，扩大伤害。

与气体爆炸相比，易于造成不完全燃烧，从而使人发生一氧化碳中毒。

（3）爆炸性粉尘的识别：

形成爆炸性粉尘的

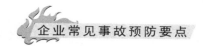

企业常见事故预防要点

4 个必要条件：

①粉尘的化学组成和性质；

②粉尘的粒度和粒度分布；

③粉尘的形状与表面状态；

④粉尘中的水分。

可以依此来辨识是否为爆炸性粉尘。

爆炸性粉尘爆炸的条件为：

①可燃性和微粉状态；

②在空气中（或助燃气体）搅拌，悬浮式流动；

③达到爆炸极限；

④存在点火源。

4. 工业噪声与振动的危险、有害因素识别

噪声能引起职业性噪声聋或引起神经衰弱、心血管疾病及消化系统等疾病的高发，会使操作人员的失误率上升，严重的会导致事故发生。

工业噪声可以分为机械噪声、空气动力性噪声和电磁噪声等三类。

噪声危害的识别主要根据已掌握的机械设备或作业场所的噪声确定噪声源、声级和频率。

振动危害有全身振动和局部振动，可导致中枢神经、植物神经功能紊乱、血压升高，也会导致设备、部件的损坏。

振动危害的识别则应先找出产生振动的设备，然后根据国家标准，参照类比资料确定振动的危害程度。

5. 温度与湿度的危险、有害因素识别

高温除能造成灼伤外，高温、高湿环境影响劳动者的体温调节，

84

水盐代谢及循环系统、消化系统、泌尿系统等。当热调节发生障碍时，轻者影响劳动能力，重者可引起别的病变，如中暑。水盐代谢的失衡可导致血液浓缩、尿液浓缩、尿量减少，这样就增加了心脏和肾脏的负担，严重时引起循环衰竭和热痉挛。在比较分析中发现，高温作业工人的高血压发病率较高，而且随着工龄的增加而增加。高温还可以抑制中枢神经系统，使工人在操作过程中注意力分散，肌肉工作内能力降低，有导致工伤事故的危险。

低温可引起冻伤。

温度急剧变化时，因热胀冷缩，造成材料变形或热应力过大，会导致材料破坏，在低温下金属会发生晶型转变，甚至引起破裂而引发事故。

高温、高湿环境会加速材料的腐蚀。

高温环境可使火灾危险性增大。

生产性热源主要有：

工业炉窑，如冶炼炉、焦炉、加热炉、锅炉等；

电热设备，如电阻炉、工频炉等；

高温工件（如铸锻件）、高温液体（如导热油、热水）等；

高温气体，如蒸气、热风、热烟气等。

温度、湿度危险、危害的识别应主要从以下几方面进行：

了解生产过程的热源、发热量、表面绝热层的有无，表面温度，与操作者的接触距离等情况；

是否采取了防灼伤、防暑、防冻措施，是否采取了空调措施；

是否采取了通风（包括全面通风和局部通风）换气措施，是否有作业环境温度、湿度的自动调节、控制。

6. 辐射的危险有害因素识别

随着科学技术的进步，在化学反应、金属加工、医疗设备、测量与控制等领域，接触和使用各种辐射能的场合越来越多，存在着一定的辐射危害。辐射主要分为电离辐射（如 α 粒子、β 粒子、γ 粒子和中子、x 粒子）和非电离辐射（如紫外线、射频电磁波、微波等）两类。

电离辐射伤害则由 α、β、x、γ 粒子和中子极高剂量的放射性作用所造成。

射频辐射危害主要表现为射频致热效应和非致热效应两个方面。

第五章

减少管理缺陷

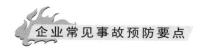

一、安全管理缺陷因素分析

（1）若拟建项目没有设置安全管理组织，缺乏专门的安全管理人员和专（兼）职安全队伍，存在的安全隐患将任其扩大，既不能预防事故发生，更不能在发生事故后采取积极有效的措施防止事故的扩大、减少财产损失和人员伤亡。

（2）若拟建项目没有专门的或义务消防队，发生事故时将来不及阻止事故扩大，减少损失。因此，建立有效的安全管理组织是安全生产的重要保证。

（3）若拟建项目缺少安全管理制度，没有建立各级各类人员的安全管理责任制；缺乏安全教育培训、安全生产防火、设备检修管理、动火审批、事故报告、进出车辆人员管理、劳保用品管理、发放及使用等制度，没有严格的安全生产管理制度和安全检查、奖惩制度，不按照工艺操作规程制定各岗位的工艺操作规程和安全操作规程；并且事故发生后，若缺乏必要的应急救援措施，将会使事故损失扩大，产生不必要的损失。

（4）若拟建项目缺乏事故应急救援措施或预案等，将会产生各级各类安全管理人员职权不明、责任不清的结果，使安全工作无法落实；不根据相关的国家规范制定相关的管理或检验制度，从业人员缺乏安全操作、安全预防和安全管理制度的约束，则生产过程随时都可能因违章操作行为而导致事故发生，将会使事故损失扩大，产生不必要的损失。

（5）以往发生的安全事故中，有很大比例是人的不安全行为引起的。人的不安全行为主要有两个方面：作业人员违章作业和安全管事人员的安全管理缺陷。

作业人员违章作业主要表现在：

（1）违章操作、违章指挥、违反劳动纪律或操作失误；

（2）人员未经培训合格就上岗、不熟悉操作规程或不严格按操作规程作业；

（3）各作业环节之间，在缺乏联络和衔接的情况下擅自操作；

（4）思想麻痹、粗心大意等；

（5）疲劳作业、醉酒上岗、从事禁忌作业、带病上岗等。

安全管事人员的安全管理缺陷主要表现在：

（1）未制定严格、完善的安全管理规章制度、操作规程或执行力度不够；

（2）对输送中的物质性质以及有关储运安全知识缺乏了解；

（3）对设备、设施及工艺系统的安全可靠性缺乏认真的检验分析和评估；

（4）对储罐、接头、管道及附件存在质量缺陷或事故隐患，没有及时检查和治理；

违章作业也是安全管理不善造成的。如果安全管理不善，就有可能发生介质泄漏、火灾爆炸等重大事故。

二、做好安全管理工作七条经验

安全管理工作从表面上看来很简单好像谁都能做，但要做出成

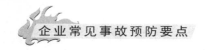

效却非常不容易，它是一项既复杂又很有挑战性的工作，各类企业的类型和经营的性质不一样，管理的重心和特点必然有所不同，能在差异中找出共性，在实践中摸索出方法，总结出经验，也是很有意义的，概括有七条经验：

1. 制定三个方针，一个原则

安全生产方针：安全第一、预防为主，综合治理。

消防安全方针：预防为主、防消结合。

职业病防治方针：预防为主、防治结合。

四不伤害原则：不伤害自己、不伤害他人、不被他人伤害、保护他人不受伤害。

2. 制定合理可行的目标、指标

"安全是相对的，不安全是绝对的"。有效的安全管理只说明风险受控了，而不是没有风险了。减少和降低风险是要付出代价的，要投入人、财、物，需要企业付出成本。通常的做法是将风险控制在一个合理可接受的水平，不要试着去消除所有危险。要知道，没有危险的企业是不存在的，对风险可接受程度的把握，安全与效益矛盾的平衡，往往就成了检验安全管理人员经验和能力的"试金石"。可接受风险程度的确定是一项严肃而有严谨的工作，制定时要以企业的综合水平，员工素质，法规要求，风险的容许度来确定。另外，风险可接受并不意味着永远放弃监管。要知道安全管理和风险都是动态的，从量变到质变，质变中又有量变，是在不断变化的，风险始终是要受监控的，一旦超出可接受程度，就要采取措施处理，绝对不能养虎为患。如制定的目标、指标和管理方案合理可行，就很容易得到企业各阶层的认同，才能正确争取到资源，总之制定合理可行的风险管理目标，是非常重要的。

3. 建立科学合理的安全组织和人员保障

设置科学合理的安全管理组织保障有助于推动安全管理工作的实施和划分各职能部门及责任人分管范围的界限，促进安全管理能够顺畅的执行，规范严密的安全管理组织是提高安全保障能力的基本要求。安全管理组织体系的完善，是企业安全管理得以实现的基本保障，在安全管理方面，组织体系就是主要领导全面负责，分管领导具体负责，职能科室或专职人员专门负责，各生产单元（车间、班组）有专兼职人员负责，各岗位职工有具体安全责任，形成群管成网，横向到边、纵向到底的安全管理组织体系。

责任体系的建立和完善是企业安全管理的关键，"一岗双责"就是把岗位责任与安全管理责任并列在一个同等重要的位置，在确定工作岗位责任的同时确定安全管理责任，形成从企业法定代表人到一线职工，覆盖整个企业的安全责任制，真正做到安全生产人人有责。

企业的一切工作必须通过人去完成，要想实现安全发展的目标，就必须一支头脑清醒与企业规模、行业种类相适应的安全管理队伍，为企业的安全管理和各项生产经营活动提供安全管理与技术服务。目前，多数企业在人力资源方面都存在不足，也给安全管理工作带来若干的问题和影响，企业的安全管理理念决定企业的安全管理层次和水平，只有在此理念指导下，企业才能制定符合安全发展的战略思想与任务，推动安全管理工作有效落实，促进企业实现全面协调可持续发展。

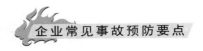

4. 获得最高管理层的支持、信任和承诺

能否获得高层主管的支持，是安全管理成功的关键，当然不能期望主管时时以安全为中心，天天发文件去强调。但至少在政策导向上要明确安全管理的地位，要让其签署制度性的宣言，定好安全第一的大政方针和为实现安全管理所作出的承诺，具体的冲突出现时就要靠安全管理人员的智慧去化解了。

5. 建立有效的考核激励机制

安全管理归根到底还是对人的管理，对人的管理会经历从"管理"到"自律"的转变过程。一般来说，在安全管理的初期阶段，都属于"管理"阶段，人对安全的要求是被动的，这时除了建立严格的制度外，还要对执行情况进行科学、有效的考核。安全做得好不好，是要有所体现的，否则大家都没有积极性。考核的指标要可量化，事故发生率固然是考核要素，但不能是唯一要素，一些事故预防的基础工作，都可以量化成考核指标。如安全培训的时数，安全宣传的次数，组织、参加安全活动的次数、人数，存在隐患的大小、个数，不安全行为发生次数，设备的危险程度，等等都可列入考核指标。考核的深度和广度，可以视工作需要或难易程度灵活掌握。系统复杂的只考核到部门级即可，简洁的可以考核到班组，也可以考核到个人，考核周期可以是周、月的，也可以是季、年的，但考核结果必须张榜公布，要广为宣传，形成鲜明对比，考核结果要有奖有罚，形成激励机制。

6. 做好安全培训教育工作

培训是提升员工安全素质的重要途径，一方面通过国家颁布的相关政策法规进行重点解析、和先进企业的安全管理模式，对中、高层管理干部进行基础安全知识和安全管理技能培训，让其对安全管理工作有深刻的认识和了解，培养其关注安全工作的意识与能力，同时展现安全管理人员的水准与职业操守，促使其对专业能力的认可。另一方面根据企业员工的文化与安全素质和日常安全检查、行为观察了解到员工需要什么，进行综合分析，列出培训需求，进行有针对性的安全培训，结合实际工作和案例编制相关培训课件进行培训。制作的教材要简便，通俗易懂，有针对性，实用性要强，否则员工无法接受，培训就会流于形式。培训的重点要侧重于员工安全意识的养成，要让员工明白危险无处不在，防患意识不可无的道理。

以制造业为例，它的特点是大量的外来民工，而其中的绝大部分都没有工业化从业经验，对设备、环境除了感到新奇外，还感到茫然不知所措。除了从业经验匮乏外，自我约束能力也比较低，安全意识、安全行为都极为欠缺。作为企业，就自然而然地承担了教育义务，从基本的生活，工作程序开始，都需要进行针对性的培训，通过一系列的培训来提升安全意识。

制造业作业简单，直观，危险源点显而易见，大部分危险源都可以用眼睛"看"出来，只要有了安全的观念，在行动前预先做简单的识别和判断，再工作，基本上，大部分的事故都可以避免。

7. 建立、推行安全文化，变制度管人为文化管人

建章立制，强制性的规范，是在安全管理的初期阶段，是在个人的安全意识，整体的安全水平不高的状况下，而采用的不可或缺的重要管理工具。这时应该依靠强制性的制度，去要求和约束人的行为。

制度、规章健全且烦琐，是这时的特点，在员工整体的安全意识较浓厚，对安全的诉求较高时，这时就可淡化制度，营造安全文

化氛围，以文化意识去激发人的安全行为。安全文化是硬件和软件构建成的实体，我们要强调安全文化的前提，除前面所提以外，还要求企业的设备、设施的本质安全化程度要达到要求，工艺、物料本身的安全程度，自动化，人机工程化程度都要比较高才行。这样就可以构建和谐的安全文化，将原来繁琐的制度管人，上升为以安全文化进行有效的自我约束。

三、安全管理对策

在长期的生产管理实践活动中，人们总结出了许多行之有效的安全管理措施。如依据"管生产必须管安全"的原则确立的安全生产责任制，"国家监察，行业管理，企业负责，群众监督，劳动者遵章守纪"的安全管理体制，"三同时""三不放过"及各项安全法规、标准、手册，安全操作规范等，大多数在现代企业安全管理工作中仍起着举足轻重的作用。

安全检查是安全生产管理工作中的一项重要内容，是保持安全环境、矫正不安全操作，防止事故的一种重要手段。它是多年来从生产实践中创造出来的一种好形式，是安全生产工作中运用群众路线的方法，是发现不安全状态和不安全行为的有效途径，是消除事故隐患、落实整改措施、防止伤亡事故、改善劳动条件的重要手段。

1. 安全检查的内容

安全检查主要包括以下 4 方面内容。

查思想。即检查各级生产管理人员对安全生产的认识，对安全生产的方针政策、法规和各项规定的理解与贯彻情况，全体职工是否牢固树立了"安全第一，预防为主、综合治理"的思想。各有关部门及人员能否做到当生产、效益与安全发生矛盾时，把安全放在第一位。

查管理。安全检查也是对企业安全管理的大检查。主要检查安全管理的各项具体工作的实行情况，如安全生产责任制和其他安全管理规章制度是否健全，能否严格执行。安全教育、安全技术措施、伤亡事故管理等的实施情况及安全组织管理体系是否完善等。

查隐患。安全检查的主要工作内容，主要以查现场、查隐患为主。即深入生产作业现场，查劳动条件、生产设备、安全卫生设施是否符合要求，职工在生产中的不安全行为的情况等。如是否有安全出口，且是否通畅；机器防护装置情况；电气安全设施，如安全接地、避雷设备、防爆性能；车间或坑内通风照明情况；防止硅尘危害的综合措施情况；锅炉、受压容器和气瓶的安全运转情况；变电所；易燃易爆物质、剧毒物质的贮存、运输和使用情况；个体防护用品的使用及标准是否符合有关安全卫生的规定等。

查整改。对被检单位上一次查出的问题，按其当时登记的项目、整改措施和期限进行复查。检查是否进行了及时整改和整改的效果。

如果没有整改或整改不力的，要重新提出要求，限期整改。对重大事故隐患，应根据不同情况进行查封或拆除。

此外，还应检查企业对工伤事故是否及时报告、认真调查、严肃处理；在检查中，如发现未按"三不放过"的要求草率处理事故，要重新严肃处理，从中找出原因，采取有效措施，防止类似事故重复发出。

2. 安全检查的方式

安全检查的方式按检查的性质，可分为一般性检查、专业性检查、季节性检查和节假日前后的检查等。

（1）一般性检查

一般性检查又称普遍检查，是一种经常的、普遍性的检查，目的是对安全管理、安全技术、工业卫生的情况作一般性的了解。这种检查，企业主管部门一般每年进行 1~2 次；

各企业一般每年进行 2 ~ 4 次，基层单位每月或每周进行一次，此外还有专职安全人员进行的日常性检查。在一般性检查中，检查项目依不同企业而异，但以下 3 个方面均需列入：各类设备有无潜在的事故危险；对上述危险或缺陷采取了什么具体措施；对出现的紧急情况，有无可靠的立即消除措施。除此而外，对下列各项也应注意。

① 经常检查停车场、车道、人行道上有无能使人被绊倒或跌落的裂缝、孔洞、断裂之处。

② 供货车使用的运输繁忙的车辆装料、运料的平台、站台、码头，应注意防止车辆的破坏。

③ 对小的、单独的建筑物的外部结构，也应和主楼一样进行检查。

④ 对企业内铁路专用线，要定期检查路基、道钉、转换器、鱼尾板及枕木腐烂程度和新添道碴等情况。

⑤ 对任何结构的地板都应进行检查，特别是那些运输繁忙地区，地面的光滑程度应专门研究处理。

⑥ 楼梯踏板和竖板是否良好，宽窄和高度是否一致；扶手是否标准，是否完好和稳固可靠；照明是否充足；有无物品堆放。

⑦ 对全厂房屋均应进行检查，通道应用漆线画界，不准将物料堆放在走道内。

⑧ 电气设备有无漏电、短路、断路的可能性。

⑨ 配线，检查绝缘程度、磨损情况、老化情况等。

⑩ 对变压器、配电盘，做定期检查。

⑪ 屋顶和烟囱也应做定期检查，及时发现其中的小毛病，以免造成严重情况。

⑫ 地板是否严重超负荷。

⑬ 处理重物所用的承受拉伸的链条、绳缆以及其他用具都应做定期检查。此外，对有可能发展成为重大事故的危险必须予以特别的注意，如基础破坏、结构毁坏、超负荷、变质、火警及爆炸等。

（2）专业性检查

专业性检查是指针对特殊作业、特殊设备、特殊场所进行的检查。如电、气焊设备，起重设备，运输车辆，锅炉，压力容器，尘、毒、易燃、易爆场所等。这类设备和场所由于事故危险性

大，如事故发生，造成的后果极为严重。所以专业性检查除了由企业有关部门进行外，上级有关部门也指定专业安全技术人员进行定期检查，国家对这类检查也有专门的规定。不经有关部门检查许可，设备不得使用。专业性检查一般以定期检查为主。

专业性检查有以下突出特点：

① 专业性强，集中检查某一专业方面的装置、系统及与之有关的问题，因而目标集中，检查可以进行得深入细致；

② 技术性强，检查内容以生产、安全的技术规程和标准为依据；

③ 以现场实际检查为主，检查方式灵活，牵扯人力最少；

④ 不影响工作程序。

（3）季节性检查

季节性检查是根据季节特点，为保障安全生产的特殊要求所进行的检查。自然环境的季节性变化，对某些建筑、设备、材料或生产过程及运输、贮存等环节会产生某些影响。某些季节性外部事件，如大风、雷电、洪水等，还会造成企业重大的事故和损失。因而，为了防患于未然，消除因季节变化而产生的事故隐患，必须进行季节性检查。如春季风大，应着重防火、防爆；夏季高温、多雨、多雷电，应抓好防暑、降温、防汛、检查雷电保护设备；冬季着重防寒、防冻、防滑等。

（4）节假日前后的检查

由于节日前职工容易因考虑过节等因素而造成精力分散，因而应进行安全生产、防火保卫、文明生产等综合检查；节日后则要进行遵章守纪和安全生产的检查，以避免因放假后职工精力涣散而引起纪律松懈等问题。

第六章

企业常见事故预防要点

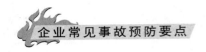

一、机械伤害预防要点

1. 机械伤害

机械伤害主要指机械设备运动（静止）部件、工具、加工件直接与人体接触引起的夹击、碰撞、剪切、卷入、绞、碾、割、刺等形式的伤害。各类转动机械的外露传动部分（如齿轮、轴、履带等）和往复运动部分都有可能对人体造成机械伤害。机械伤害也是非煤矿山生产过程中最常见的伤害之一，易造成机械伤害的机械、设备包括：运输机械，掘进机械，装载机械，钻探机械，破碎设备，通风、排水设备，选矿设备，其他转动及传动设备。

2. 常见原因分析

（1）操作失误的主要原因有：

① 机械产生的噪声使操作者的知觉和听觉麻痹，导致不易判断或判断错误；

② 依据错误或不完整的信息操纵或控制机械造成失误；

③ 机械的显示器、指示信号等显示失误使操作者误操作；

④ 控制与操纵系统的识别性、标准化不良而使操作者产生操作失误；

⑤ 时间紧迫致使没有充分考虑而处理问题；

⑥ 缺乏对动机械危险性的认识而产生操作失误；

⑦ 技术不熟练，操作方法不当；

⑧ 准备不充分，安排不周密，因仓促而导致操作失误；

⑨ 作业程序不当，监督检查不够，违章作业；

⑩ 人为的使机器处于不安全状态，如取下安全罩、切除联锁装置等。走捷径、图方便、忽略安全程序。如不盘车、不置换分析等。

（2）误入危区的原因主要有：

① 操作机器的变化，如改变操作条件或改进安全装置时；

② 图省事、走捷径的心理，对熟悉的机器，会有意省掉某些程序而误入危区；

③ 条件反射下忘记危区；

④ 单调的操作使操作者疲劳而误入危区；

⑤ 由于身体或环境影响造成视觉或听觉失误而误入危区；

⑥ 错误的思维和记忆，尤其是对机器及操作不熟悉的新工人容易误入危区；

⑦ 指挥者错误指挥，操作者未能抵制而误入危区；

⑧ 信息沟通不良而误入危区；

⑨ 异常状态及其他条件下的失误。

（3）机械的不安全状态，如机器的安全防护设施不完善，通风、防毒、防尘、照明、防震、防噪声以及气象条件等安全卫生设施缺乏等均能诱发事故。动机械所造成的伤害事故的危险源常常存在于

下列部位:

① 旋转的机件具有将人体或物体从外部卷入的危险;机床的卡盘、钻头、铣刀等、传动部件和旋转轴的突出部分有钩挂衣袖、裤腿、长发等而将人卷入的危险;风翅、叶轮有绞碾的危险;相对接触而旋转的滚筒有使人被卷入的危险。

② 作直线往复运动的部位存在着撞伤和挤伤的危险。冲压、剪切、锻压等机械的模具、锤头、刀口等部位存在着撞压、剪切的危险。

③ 机械的摇摆部位又存在着撞击的危险。

④ 机械的控制点、操纵点、检查点、取样点、送料过程等也都存在着不同的潜在危险因素。

3. 机械伤害事故特点

机械伤害事故的形式惨重,如搅死、挤死、压死、碾死、被弹出物体打死、磨死等。当发现有人被机械伤害的情况时,虽及时紧急停车,但因设备惯性作用,仍可将受害造成致使性伤害,乃至身亡。

4. 预防机械伤害事故的措施与对策

机械危害风险的大小不仅取决于机器的类型、用途、使用方法和人员的知识、技能、工作态度等因素,还与人们对危险的了解程度和所采取的避免危险的措施有关。

预防机械伤害包括两方面:

一是提高操作者或人员的安全素质,进行安全培训,提高辨别危险和避免伤害的能力,增强避免伤害的自觉性,对危险部位进行警示和标志;

二是消除产生危险的原因,减少或消除接触机器的危险部位的次数，采取安全防护装置避免接近危险部位，注意个人防护，实现安全机械的本质安全。

（1）加强操作人员的安全管理

① 建立健全安全操作规程和规章制度；

② 抓好三级安全教育和业务技术培训、考核。提高安全意识和安全防护技能。做到"四懂""三会"（懂原理、懂构造、懂性能、懂工艺流程；会操作、会保养、会排除故障）；

③ 正确穿戴个人防护用品；

④ 按规定进行安全检查或巡回检查；

⑤ 严格遵守劳动纪律，杜绝违章操作或习惯性违章。

（2）注重机械设备的基本安全要求

① 关键要抓设备结构设计合理，严格执行标准，把住设计关。在设计过程中，对操作者容易触及的可转动零部件应尽可能封闭，对不能封闭的零部件必须配置必要的安全防护装置：对运行中的生产设备或零部件超过极限位置，应配置可靠的限位、限速装置和防坠落、防逆转装置；对电气线路要有防触电、防火警装置；对工艺过程中会产生粉尘和有害气体或有害蒸汽的设备，应采用自动加料、自动卸料装置，并要有吸入、净化和排放装置；对有害物质的密闭系统，应避免跑、冒、滴、漏，必要时应配置检测报警装置；对生产剧毒物质的设备，应有渗漏应急救援措施等。

② 机械设备的布局要合理

按有关规定，设备布局应达到以下要求：

a. 机械设备同距：小型设备不小于 0.7m；中型设备不小于 1m；大型设备不小于 2m。

b. 设备与墙、柱间距：小型设备不小于 0.7m；中型设备不小于 0.8m；大型设备不小于 0.9m。

c. 操作空间：小型设备不小于 0.6m；中型设备不小于 0.7m；大型设备不小于 1.1m。

d. 高于 2m 的运输线有牢固的防护罩。

③ 提高机械设备零部件的安全可靠性

a. 合理选择结构、材料、工艺和安全系数。

b. 操纵器必须采用联锁装置或保护措施。

c. 必须设置防滑、防坠落及预防人身伤害的防护装置，如限位装置、限速装置、防逆转装置、防护网等。

d. 必须有安全控制系统，如配置自动监控系统、声光报警装置等。

e. 设置足够数量、其形状有别于一般的紧急开关。

④ 加强危险部位的安全防护

从根本上讲，对于机械伤害的防护，首先应在设计和安装时充分予以考虑：包括安全要求、材料要求、安装要求。其次才是在使用时加以注意。如带传动通常是靠紧张的带与带轮间的摩擦力来传递运动的。它既具有一般传动装置的共性，又具有容易断带的个性，因此对此类装置的防护应采用防护罩或防护栅栏

将其隔离，除对 2m 以内高度的带传动必须采用外，对带轮中心距 3m 以上或带宽在 15cm 以上．或带速在 9 m／s 以上的。

即使是 2m 以上高度的带传动也应该加以防护。对链传动，可根据其传动特点采用完全封闭的链条防护罩，既可防尘，减少磨损，保持良好润滑，又可很好地防止伤害事故发生。

在设计传动装置的安全防护罩时，应坚持实用、坚固、耐久、美观这一原则。

若设计出一种自动防护装置能把人体的任何部位从危险区中推出或拉出为最理想。

对各种机械的传动带、明齿轮、接近地面的联轴节、皮带轮、飞轮等易伤人体的部位都必须有完好的防护设施。投入运行的机械设备，必须按规定进行维护保养，不合格的机械设备应坚决抵制使用。自制设备必须具有科学依据，符合安全要求，应经专业部门鉴定合格才允许投入运行。为了避免出现人身事故，应有可迅速停车的装置。操作人员要按有关要求穿戴防护用品。

皮带轮：安装皮带轮要注意松紧程度，装得太紧，致使皮带拉断，装得太松会影响机器正常转动。对于皮带传动的防护有两种方法：一是用防护罩将皮带安全遮盖，二是使用栅档防护，使皮带在转动中避免人体与皮带轮的危险部位接触。

齿轮：在齿轮传动中最危险处是齿轮啮合部位，以及齿轮的轮辐间的空隙处，为了避免齿轮传动所发生的危险必须装有防护罩，并要将齿轮全部遮盖封闭对齿轮传动、摩擦轮传动的防护都应根据其特点分别在啮合区域安装防护装置，有可能的应将齿轮装入全封闭的机座内。而摩擦轮表面光滑，因此可不用整体式防护，而仅局部防护其接触部位即可。

链传动：链传动的危险部位是在链条进入链轮之处，在距离地

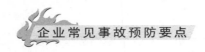

面 2 m 以内并露在机座以外的链条传动系统，均应装设防护罩。

　　轴：所有凸出于轴面或是不平滑的附体，如固定螺钉等，露头固定螺钉尤其有害，在生产中，有可能将人的衣服卷住，而发生伤害，因此必须安装防护轴套。对于转动轴在离开地面高度 2m 以内，除置于机器内部者外，其余露出部分必须全部加以遮盖，防护。

　　联轴器：转动轴的联轴器所发生的危险基本与轴相类似，但其严重程度比轴更大，因表面光洁度比轴差。安全的联轴器必须无凸出的不平整部分，螺栓头及螺母均应埋头在联轴器内，或者设计时将联轴器外径边缘大于螺栓紧固尺寸。总之联轴器在转动中，有可能发生危险的部位，都必须有档板罩盖等防护措施。

　　机械设备传动系统，归纳起来就是一个"轮"，一根"轴"，轮和轴的安全装置必须要符合标准，达到安全可靠的目的。对齿轮传动、摩擦轮传动的防护都应根据其特点分别在啮合区域安装防护装置，有可能的应将齿轮装入全封闭的机座内。而摩擦轮表面光滑，因此可不用整体式防护，而仅局部防护其接触部位即可。

　　检修、检查机械设备时，必须落实各项安全措施。施工现场必须设专人监护，并要坚守岗位，认真负责。被检修的机械必须切断电源，并落实安全控制电源措施，防止因定时电源开关作用或临时停电等因素而误判造成事故。切断电源后，必须挂好"现在检修，严禁合闸"的停机警示牌。必须做到谁挂谁取专人负责，并应公开标明负责人姓名。机械恢复运转试运转前，必须对现场进行细致检查，确认人员都已安全撤离后方可取牌合闸。检修试车时，严禁人员留在机械设备内进行试车。遇有意外停电情况，必须将机械设备处理至安全状态，防止复电伤人。任何人员要进入机械运行危险区域（取物、采样、干活、借道等），都要严格执行防范事故的安全联系制度，事前必须与当班机械操作人员直接联系，经同意并在停机和有可靠的安全措施的情况下才可进行，正在停车的机械也必须遵守安全联系制度，非当班负责操作人员严禁擅自开动机械，因工作需要开机时，必须与当班人员联系，由当班人员操作。

各种电源开关要布置合理并应有明确标志，防止误启动设备发生伤人事故。对人孔、投料口、绞笼井等部位应设置警示牌、护栏及盖板等，防止操作人员发生误动作。

（3）重视作业环境的改善

要重视作业环境的改善。布局要合理；照明要适宜；温、湿度要适中；噪声和震动要小；具有良好的通风设施。

另外，还须提高机械操作人员的技能和增强作业人员的安全意识，必须经过严格的专门业务培训，考试合格后方可上岗。同时，要使机械操作人员在作业前做到注意力集中、情绪稳定，严格遵守相关规定。

5. 机械伤害的急救方法

机械伤害造成的受伤部位可以遍及我们全身各个部位，如头部、眼部、颈部、胸部、腰部、脊柱、四肢等，有些机械伤害会造成人体多处受伤，后果非常严重。现场急救对抢救受伤非常关键，如果现场急救正确及时，不仅可以减轻伤者的痛苦，降低事故的严重程度，而且可以为争取抢救时间，挽救更多人的生命。作为一个机械

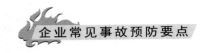

工人，学一些有关机械伤害的急救知识，对自己和对工友都是非常有用的。

机械伤害的急救知识要点：

（1）发生机械伤害事故后，现场人员不要害怕和慌乱，要保持冷静，迅速对受伤人员进行检查。急救检查应先看神志、呼吸，接着摸脉搏、听心跳，再查瞳孔，有条件者测血压。检查局部有无创伤、出血、骨折、畸形等变化，根据伤者的情况，有针对性地采取人工呼吸、心脏挤压、止血、包扎、固定等临时应急措施。

（2）迅速拨打急救电话，向医疗救护单位求援。记住报警电话很重要，我国通用的医疗急救电话为120，但除了120以外，各地还有一些其他的急救电话，也要适当留意。在发生伤害事故后，要迅速及时拨打急救电话，拨打急救电话时，要注意以下问题：

① 在电话中应向医生讲清伤员的确切地点，联系方法（如电话号码）、行驶路线。

② 简要说明伤员的受伤情况、症状等，并询问清楚在救护车到来之前，应该做些什么。

③ 派人到路口准备迎候救护人员。

（3）遵循"先救命、后救肢"的原则，优先处理颅脑伤、胸伤、肝、脾破裂等危及生命的内脏伤，然后处理肢体出血、骨折等伤。

（4）检查伤者呼吸道是否被舌头、分泌物或其他异物堵塞。

（5）如果呼吸已经停止，立即实施人工呼吸。

（6）如果脉搏不存在，心脏停止跳动，立即进行心肺复苏。

（7）如果伤者出血，进行必要的止血及包扎。

（8）大多数伤员可以毫无顾忌地抬送医院，但对于颈部背部严重受损者要慎重，以防止其进一步受伤。

（9）让患者平卧并保持安静，如有呕吐，同时无颈部骨折时，应将其头部侧向一边以防止噎塞。

（10）动作轻缓地检查患者，必要时剪开其衣服，避免突然挪动增加患者痛苦。

（11）救护人员既要安慰患者，自己也应尽量保持镇静，以消除患者的恐惧。

二、设备故障伤害预防要点

1. 设备故障

所谓设备故障，一般是指设备失去或降低其规定功能的事件或现象，表现为设备的某些零件失去原有的精度或性能，使设备不能正常运行、技术性能降低，致使设备中断生产或效率降低而影响生产。

设备在使用过程中，由于摩擦、外力、应力及化学反应的作用，零件总会逐渐磨损和腐蚀、断裂导致因故障而停机。加强设备保养维修，及时掌握零件磨损情况，在零件进入剧烈磨损阶段前，进行修理更换，就可防止故障停机所造成的经济损失。

故障这一术语，在实际使用时常常与异常、事故等词语混淆。所谓异常，意思是指设备处于不正常状态，那么，正常状态又是一种什么

状态呢？如果连判断正常的标准都没有，那么就不能给异常下定义。对故障来说，必须明确对象设备应该保持的规定性能是什么，以及规定的性能达到什么程度，否则，同样不能明确故障的具体内容。假如某对象设备的状态和所规定的性能范围不相同，则要认为该设备的异常即为故障。反之，假如对象设备的状态，在规定性能的许可水平以内，此时，即使出现异常现象，也还不能算作是故障。总之，设备管理人员必须把设备的正常状态、规定性能范围，明确地制订出来。只有这样，才能明确异常和故障现象之间的相互关系，从而，明确什么是异常，什么是故障。如果不这样做就不能免除混乱。

事故也是一种故障，是侧重安全与费用上的考虑而建立的术语，通常是指设备失去了安全的状态或设备受到非正常损坏等。

2. 设备故障分类

设备故障按技术性原因，可分为四大类：即磨损性故障、腐蚀性故障、断裂性故障及老化性故障。

（1）磨损性故障

由于运动部件磨损，在某一时刻超过极限值所引起的故障。所谓磨损是指机械在工作过程中，互相接触做相互运动的对偶表面，在摩擦作用下发生尺寸、形状和表面质量变化的现象。按其形成机理又分为粘附磨损、表面疲劳磨损、腐蚀磨损、微振磨损等4种类型。

（2）腐蚀性故障

按腐蚀机理不同又可分化学腐蚀、电化学腐蚀和物理腐蚀3类。

化学腐蚀：金属和周围介质直接发生化学反应所造成的腐蚀。反应过程中没有电流产生。电化学腐蚀：金属与电介质溶液发生电化学反应所造成的腐蚀。反应过程中有电流产生。

物理腐蚀：金属与熔融盐、熔碱、液态金属相接触，使金属某一区域不断熔解，另一区域不断形成的物质转移现象，即物理腐蚀。

在实际生产中，常以金属腐蚀不同形式来分类。常见的有 8 种腐蚀形式，即均匀腐蚀、电偶腐蚀、缝隙腐蚀、小孔腐蚀、晶间腐蚀、选择性腐蚀、磨损性腐蚀、应力腐蚀。

（3）断裂性故障

可分脆性断裂、疲劳断裂、应力腐蚀断裂、塑性断裂等。

脆性断裂：可由于材料性质不均匀引起；或由于加工工艺处理不当所引起（如在锻、铸、焊、磨、热处理等工艺过程中处理不当，就容易产生脆性断裂）；也可由于恶劣环境所引起；如温度过低，使材料的机械性能降低，主要是指冲击韧性降低，因此低温容器（-20℃以下）必须选用冲击值大于一定值的材料。再如放射线辐射也能引起材料脆化，从而引起脆性断裂。

疲劳断裂：由于热疲劳（如高温疲劳等）、机械疲劳（又分为弯曲疲劳、扭转疲劳、接触疲劳、复合载荷疲劳等）以及复杂环境下的疲劳等各种综合因素共同作用所引起的断裂。

应力腐蚀断裂：一个有热应力、焊接应力、残余应力或其他外加拉应力的设备，如果同时存在与金属材料相匹配的腐蚀介质，则将使材料产生裂纹，并以显著速度发展的一种开裂。如不锈钢在氯化物介质中的开裂，黄铜在含氨介质中的开裂，都是应力腐蚀断裂。又如所谓氢脆和碱脆现象造成的破坏，也是应力腐蚀断裂。

塑性断裂：塑性断裂是由过载断裂和撞击断裂所引起。

（4）老化性故障

上述综合因素作用于设备，使其性能老化所引起的故障。

3. 发生设备故障的征兆

设备在性能方面的故障征兆

（1）功能异常

指设备的工作状况突然出现不正常现象，这是最常见的故障症状。例如：

- 设备启动困难、启动慢，甚至不能启动。
- 设备突然自动停机。
- 设备在运转过程中功率不足、速率降低、生产效率降低。
- 设备运转过程中突然紧急制动失灵、失效等。

这种故障的征兆比较明显，所以容易察觉。

（2）过热高温

- 一种原因是冷却系统有问题，是缺冷却液或冷却泵不工作。
- 如果是齿轮、轴承等部位过热，多半是因为缺润滑油所导致。
- 油、水温度过高或过低。

设备过热现象有时可以通过仪表板、警示灯直接反映出来，但有时需要进行温度点检才能检查出来。

（3）油、气消耗过量

润滑油、冷却水消耗过多，表明设备有些部位技术状况恶化，有出现故障的可能。

压缩气体的压力不正常等。

（4）润滑油出现异常

润滑油变质较正常时间要快，可能与温度过高等有关系。

润滑油中金属颗粒较

多，一般与轴承等摩擦量有关，可能需要更换轴承等磨损件。

（5）电学效应

电阻、导电性、绝缘强度和电位等变化。

设备在外观方面的故障征兆

（6）异常响声、异常振动

· 设备在运转过程中出现的非正常声响，是设备故障的"报警器"。

· 设备运转过程中振动剧烈。

（7）跑冒滴漏

· 设备的润滑油、齿轮油、动力转向系油液、制动液等出现渗漏。

· 压缩空气等出现渗漏现象，有时可以明显地听到漏气的声音。

· 循环冷却水等渗漏。

（8）有特殊气味

· 电动机过热、润滑油窜缸燃烧时，会发散发出一种特殊的气味。

· 电路短路、搭铁导线等绝缘材料烧毁时会有焦煳味。

· 橡胶等材料发出烧焦味。

4. 设备故障预防制度

（1）严格按照岗位职责及相关制度，做好设备的日常巡检、日常维护保养、定期校准和校验等工作，如实记录现场条件变化，并对其带来的影响作出判断，保证设备的正常运行。

（2）通过规范化的维修保养，保证各种仪器设备达到其规定的使用寿命，并且在使用寿命期内保证设计精度范围，避免过早失效而造成经济损失和工作影响。

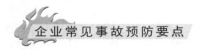

（3）仪器设备维护保养一般是各种各类仪器设备产品说明书所规定的维护保养要求和操作规程中所涉及的内容，以及对仪器设备可能产生影响的环境因素应及时排除。

（4）在线监测监控的所有仪器应登记造册，并指定一名精通在线监测监控设备系统的人员作为维护保养的责任人。其他使用人员应接受责任人的安排和监督，责任人有权拒绝不遵守操作规范、不配合维护保养者的使用要求。

（5）在线监测监控系统负责人负有领导责任、监督责任和奖惩权力，全面负责本条例的实施、分工、检查和考核。

（6）负责人应按规定的时间细致的对设备进行定期检查，并根据设备运行方式及设备状况确定检查重点，发现问题能消除的及时消除，不能马上消除的及时向上级汇报，并做好记录。

（7）配备值班员对系统运行状态监控。

三、触电伤害预防要点

1. 触电事故的分类

触电是泛指人体触及带电体。触电时电流会对人体造成各种不同程度的伤害。触电事故分为两类：一类叫"电击"；另一类叫"电伤"。

（1）电击

电击及其分类：所谓电击，是指电流通过人体时所造成的内部伤害，它会破坏人的心脏、呼吸及神经系统的正常工作，甚至危及生命。其根本原因：在低压系统通电电流不大且时间不长的情况下，电流引导起人的心室颤动，是电击致死的主要原因；在通过电流虽较小，但时间较长情况下，电流会造成人体窒息而导致死亡。绝大部分触电死亡事故都是电击造成的。日常所说的触电事故，基本上多指电击而言。

电击可分为直接电击与间接电击两种。直接电击是指人体直接触及正常运行的带电体所发生的电击；间接电击则是指电气设备发生故障后，人体触及该意外带电部分所发生的电击。直接电击多数发生在误触相线、刀闸或其他设备带电部分。间接电击大都发生在大风刮断架空线或接户线后，搭落在金属物或广播线上，相线和电杆拉线搭连，电动机等用电设备的线圈绝缘损坏而引起外壳带电等情况下。

（2）电伤

电伤及其分类：电伤是指电流的热效应、化学效应或机械效应对人体造成的伤害。

① 电弧烧伤，也叫电灼伤，它是最常见也是最严重的一种电伤，多由电流的热效应引起，具体症状是皮肤发红、起泡、甚至皮肉组织被破坏或烧焦。通常发生在：低压系统带负荷拉开裸露的刀闸开关时电弧烧伤人的手和面部；线路发生短路或误操作引起短路；高压系统因误操作产生强烈电弧导致严重烧伤；人体与带电体之间的距离小于安全距离而放电。

② 电烙印，当载流导体较长时间接触人体时，因电流的化学效应和机械效应作用，接触部分的皮肤会变硬并形成圆形或椭圆形的肿块痕迹，如同烙印一般。

③ 皮肤金属化，由于电流或电弧作用（熔化或蒸发）产生的金属微粒渗入了人体皮肤表层而引起，使皮肤变得粗糙坚硬并呈青黑色或褐色。

2. 触电事故的原因

缺乏电气安全知识：高压线附近放风筝；爬上杆塔掏鸟窝；架空线断落后误碰；用手触摸破损的胶盖刀闸、导线；儿童触摸灯头、插座或拉线等。

违反操作规程：高压方面带电拉隔离开关；工作时不验电、不挂接地线、不戴绝缘手套；巡视设备时不穿绝缘鞋；修剪树木时碰触带电导线等。低压方面带电接临时线；带电修理电动工具、搬动用电设备；火线与中性线接反；湿手去接触带电设备等。

设备不合格：高压导线与建筑物之间的距离不符合规程要求；高压线和附近树木距离太近；电力线与广播线、通信线等同杆架设且距离不够；低压用电设备进出线未包扎或未包好而裸露在外；台灯、洗衣机、电饭煲等家用电器外壳没有接地，漏电后碰壳；低压接户线、进户线高度不够等。

维修管理不及时：大风刮断导线或洪水冲倒电杆后未及时处理；刀闸胶盖破损长期未更换；瓷瓶破裂后漏电接地；相线与拉线相碰；电动机绝缘或接线破损使外壳带电；低压接户线、进户线破损漏电等。

触电事故往往发生得很突然，且常常是在刹那间就可能造成严重后果，因此找出触电事故的规律和原因，恰当地实施相关的安全措施、防止触电事故的发生、安排正常的生产生活，都有重要的意义。

3. 触电事故伤员的病状

人遭电击后，病情表现为三种状态。一种是神志清醒，但感觉乏力、头昏、胸闷、心悸、出冷汗，甚至恶心呕吐。第二种是神志昏迷，但呼吸、心跳尚存在。第三种神志昏迷，呈全身性电休克所致的假死状态，肌肉痉挛，呼吸窒息，心室颤动或心跳停止。伤员面部苍白、口唇紫钳、瞳孔扩大、对光反应消失、脉搏消失、血压降低。这样的伤员必须立即在现场进行心肺复苏抢救，并同时向医院告急求救。

4. 防触电措施

（1）基本原则是非专门人员不得检修、探视低压电控柜及设备电控设施等，不得私自搭接电源及电器设施。

（2）打开和关闭空气开关、断路器、道闸开关等设施时要小

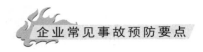

心谨慎，除操作手柄外，不要触摸其他部位。

（3）操作上述原件后要及时关闭电控柜防护门。

（4）变换工装、检视、维修设备机械部位时，除需用到电力设施外，均须关闭相应电源。

（5）操作按钮、按键时，应注意设施是否破损漏电，发现异常停止动作及时上报。

（6）操作电焊机、氩焊机、电钻、电动砂轮机等移动电器设施时，应注意插头插接是否牢靠，有无暴露。注意电源线是否破损漏电，发现异常停止使用及时上报。加强安全管理，建立和健全安全工作规程和制度，并严格执行。

（7）保证电气设备制造质量和安装质量，做好保护接地或保护接零，在电气设备的带电部分安装防护罩、防护网。

（8）使用、维护、检修电气设备，严格遵守有关安全规程和操作规程。

（9）尽量不带电作业，特别在危险场所（如高温、潮湿地点）严禁带电工作；必须带电作业时，应该用各种安全防护用具、安全工具，如使用绝缘棒、绝缘夹钳和必要的仪表，戴绝缘手套、穿绝缘靴等，并设专人监护。

（10）对各种电气设备按照规定进行定期试验、检查和检修，发现故障应及时处理；对不能修复的设备，不可使其带"病"运行，应立即更换。

（11）根据规定，在不宜使用 220 / 380V 电压的场所，应使用 12 ～ 36V 的安全电压。

（12）禁止非电工人员乱装乱拆电气设备，更不得乱接导线。

（13）加强技术培训和安全培训，提高安全生产和安全用电水平。

5. 触电急救方法

电对人体有两种类型的伤害，即电击和电伤。这两种伤害有时可能分别发生，有时可能同时发生，但在触电事故中绝大部分是由电击造成的。电击伤害的严重程度，取决于通过人体电流的大小、电流通过人体的持续时间、电流通过人体的途径、电流的频率以及人体的健康状况等因素。作为触电事故，不管对人体的伤害如何，每个职工都应能掌握一定的急救技能进行及时有效的抢救，这样将会极大地降低触电事故死亡率。

触电急救的关键是动作迅速、救护得法。一定要坚持在现场抢救，切不可惊慌失措，束手无策，造成可当场救活的人，由于救治不及时、不得法失去生命。

人触电以后，会出现神经麻痹、呼吸中断、心脏停止跳动等征象，外表上也呈现昏迷不醒状态。这种情况不应认为是死亡，应迅速、持久地进行抢救。据统计，从触电后 1min 开始救治者 90% 可复苏；从触电后 6 min 开始救治者复苏率下降到 10%；而从触电更长一些时间开始救治者，救活的可能性很小。可见，救治及时是非常重要的。

对于从事焊接作业的人员有必要学习和培训应急救护技能。合理地运用抢救方法，很有可能把触电者从致命电击的死亡线上挽救过来。

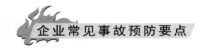

人工呼吸——心肺复苏

触电与因中毒、溺水或其他意外引起的猝死一样，必须立即抢救，使之心肺复苏。

（1）保持呼吸道畅通

在触电者脱离电源后，或发生中毒等事故时，对神志不清的、停止呼吸的或呼吸困难的，使呼吸道保持畅通。只有在有毒等危险场所或无法进行抢救的场所，才可搬运。

保持呼吸道畅通的方法：

① 使猝死者仰卧，抢救者一手托住脖子，一手按住前额，使头向后仰，鼻孔朝上。

② 因神志不清者仰卧时，舌和会咽松弛，堵住喉头入口，会窒息死亡。

③ 头向后仰，舌头离开喉头入口处，口自然张开：从而保障呼吸道畅通。

④ 头向后仰，下颌前伸，口张开。这是呼吸畅通的三个条件。为保持这一姿势，应在肩胛骨下垫一卷衣服、枕头或其他物件。

保持呼吸道畅通的注意事项：

① 松开触电者身上妨碍呼吸的衣服，如松开领子，解开衣扣、腰带、乳罩等。

② 掏出口内的异物，如食物、假牙、血、黏液。清除血和黏液时，应将患者侧身，用自己的膝盖顶住患者的肩，然后用手帕或衣服缠到手指上擦抹口腔和咽喉。

③ 不能在肩胛骨下垫衣物时应用手托住患者的脖子，以保障呼吸道畅通。

④ 注意通风，保持空气新鲜，避免多人围观，天凉时注意保暖。

⑤以上工作应争取在 5s 内完成，除掏出口腔异物外，其他工作也可在人工呼吸时进行。不应因这些工作而贻误抢救时机。这是因为人的心肺都停止工作时，只需延续 4 ~ 6 min，就可能造成脑组织死亡，即使心脏功能和体质很好的青年人，也很难超过 10 min。脑死亡的人不能复苏，即使复苏也只能是记忆丧失、四肢麻痹、痴呆的植物人。因此每分钟都是可贵的。

⑥ 触电者在电流通过胸部时，引起胸肌、肠肌、声道肌痉挛而阻碍呼吸，造成呼吸困难甚至窒息。解脱电源后肌肉痉挛停止，如保持呼吸道畅通，有可能自行恢复呼吸。

⑦ 呼吸困难或停止呼吸的人，肺中蓄积大量碳酸气，极度缺氧。因此在保持呼吸道畅通后应立即进行口对口人工呼吸 4 次，以排出肺中的碳酸气。

（2）进行人工呼吸

人工呼吸以口对口人工呼吸法最有效。它的优点：换气量大，比其他人工呼吸法大几倍；简单易学；便于和胸外心脏挤压配合；不易疲劳；无禁忌。

口对口人工呼吸法的做法：

抢救者跪或蹲在患者一侧，一手托住患者脖子（肩下已垫衣物的可不托），一手捏紧患者的鼻孔，深吸一口气再对患者的口吹气，然后松口，先靠患者胸腔回缩呼气、再吹气、再呼气，反复进行。吹气用 2s，患者呼气用 3s。一般以抢救者的自然速度即可。

口对口人工呼吸注意事项：

观察患者，胸腹部随着吹气扩张，松口后回缩，证明有效。否则可能是吹气时没捏住鼻子或口没对严漏气。

吹气量以感到患者抵抗力时停止为适度，如果患者肺部已经胀满还用力吹，空气就进入胃里了。

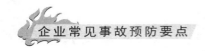

如果吹气量过大或吹气过猛，空气进入胃里时，可能听见咕噜咕噜的响声，剑突下方脐部周围，在肋缘下鼓胀起来。松口时胃内容物可能逆流出来，这时应将患者脸转向一侧。将口腔擦拭干净，勿使逆流物进入气管。

用两手指轻压喉结，通过有弹性的气管将食道压瘪，有利于预防将空气吹入胃内。如果患者打嗝，表明空气已进入胃时，引起了轻度胃膨胀。

吹气顺利表明呼吸道畅通。如果吹不进气去表明呼吸道被异物堵住，可从背后搂住患者胸部或腹部。两臂用力收缩，用压出的气流将气管中的异物冲出，使患者头朝下效果更好些。

对于患者口不能张口的。抢救者口小，口对口不严漏气的，患者口有外伤的，无法进行口对口吹气时，可用手托住患者的下巴，使之嘴唇紧闭，对鼻子吹气。

总之，对意识丧失、停止呼吸的，应立即口对口吹气 4 次，同时（吹气 4 次后），摸颈动脉，如无搏动，应立即进行胸外心脏挤压。

摸颈动脉宜用食指和中指紧贴喉结处顺气管向侧下方平压。用手指腹侧平衡而大面积地轻压查找颈动脉，手指不可竖起。

摸颈动脉宜在脖子中下段，不要靠近下颌角。因颈总动脉在下颌角内侧颈内动脉起始膨胀大处有颈动脉窦，是压力感受器，按压此处有可能发生危险。

胸外心脏挤压：

胸外心脏挤压的原理是：按压胸骨，使位于胸骨和脊椎骨之间的心脏收缩，压出血液，放松时胸廓和心脏舒张，使来自静脉的血液充满心脏，达到维持患者血液循环、使心脏恢复正常自然收缩的目的。

（1）胸外心脏挤压方法

先确定按压点，胸骨下部 1 / 3 处，即剑突（心口窝上方的尖状软骨）上二横指处。

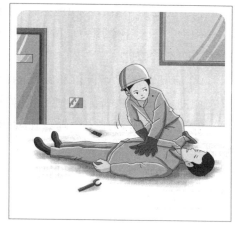

然后两手扣住用掌根向下按压，压下 3 ~ 4cm 即放松，反复进行，每秒一次，持续按压。

按压时摸颈动脉，如果有搏动，表明挤压正确有效，如无搏动应改正挤压方法。按压时血压可达 80 ~ 100mmHg（10 ~ 13kPa），是可以摸到的。

应配合人工呼吸连续挤压，直至复苏。复苏的征兆有：恢复呼吸、瞳孔回缩、手脚晃动、睫毛恢复反射、有动作、面色从苍白转红、肌胀力恢复等。如果出现一些上述征兆，但仍无脉搏时，表明发生心室纤维颤动，必须继续进行胸外心脏挤压。

（2）配合人工呼吸的做法

1 人抢救时先吹气 2 次，再按压 15 次，2 人一起抢救时，每按压 5 次吹气 1 次，吹气时不可按压。在按压人数到第 3 次时做人工呼吸的人吸气，数到第 5 次时吹气按压稍停，在吹气人松口时继续按压。

（3）胸外心脏挤压注意事项：

① 只能按压胸骨下部，这里弹性大，不要按压胸骨上部或下部肋骨，以免造成骨折。不要按压腹部，以免伤害内脏，尤其肝脏可能破裂，用力过大、过猛也可能造成骨折。

② 挤压时双臂伸直，借助于身体前倾的力量向下按压。按压

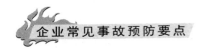

之后，手的姿势不变，不动地方，伸腰使手放松，但不要离开胸骨，掌根用力，不要手掌用力。按压应有节奏，并利用弹性作用促使心脏产生收缩和舒张。

③ 确认心脏是否已停止跳动的根据为是否意识丧失和颈动脉是否搏动。心跳停止后，一般1min瞳孔放大强直，对光反应消失。

④ 胸外心脏挤压不应在软床或厚泡沫塑料垫上进行，以免影响效果。

⑤ 为增强抢救效果，可将患者双腿抬高，以利于下肢静脉血液流回心脏。

⑥ 抢救必须坚持，许多触电者是在抢救3～4h后复苏的，也有10～12h后才复苏的。只有患者出现尸体僵硬时，才可停止抢救。尸斑是在重力作用下血液淤滞在皮肤下而形成的青色或红色斑块。

⑦ 对于发生触电或其他意外时立即抢救的，不论延误了多长时间，都应该积极抢救。若心跳停止6 min可能引起脑死亡。但延误的时间不等于心脏停止跳动的时间，除非出现尸斑、尸体僵硬或医生认为无抢救价值的才可以放弃抢救。

抢救中交医生或改用苏生器时，人工呼吸和胸外心脏挤压应尽量不中断。

人触电后，往往呈"假死"状态，若现场抢救及时方法正确，对症救治，"假死"状态的人就可以获救。资料统计显示，触电后1 min开始救治者，90%有良好效果，因此脱离电源和对症救护是触电急救的两大步骤。通常在现场施救的方法主要采用人工呼吸法和胸外心脏挤压法，触电者无知觉、无呼吸，但心脏仍在跳动时。则采取口对口人工呼吸法急救；若触电者呼吸及心跳均停止，要立即进行人工呼吸和胸外心脏挤压法急救，抢救一般需要很长时间，应耐心地持续进行，不得中断。急救过程中不要轻易注射强心剂（肾上腺素），只有经心电图仪证实触电者心脏确已停止跳动时，并经人工呼吸和胸外心脏挤压改善其心脏和全身缺氧状态后方可使用。

四、焊接作业伤害事故预防要点

1. 焊接作业

焊接是金属加工的主要方法之一，它是将两个或两个以上分离的工件，按一定的形式和位置连接成一个整体的工艺过程。焊接的实质，是利用加热或其他方法，使焊料与被焊金属之间互相吸引、互相渗透，依靠原子之间的内聚力使两种金属达到永久牢固地结合。

2. 焊接作业主要危险特点

电焊作业的危害因素包括：触电、电弧辐射、焊接烟尘、有害气体、放射性物质、噪声、高频电磁场、燃烧和爆炸等。

3. 焊机的安全使用要求

焊机安装、连接完毕后，必须按以下顺序进行操作。

（1）检查所有连线是否正确、可靠。

（2）检查电源线、焊接电缆的绝缘是否完好，如有破损，必须用绝缘带包扎完好或更换绝缘良好的导线。

（3）检查工件上需要焊接处，是否有严重腐蚀、大量油漆或其他

隔离易燃易爆物

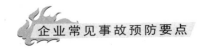

影响焊接质量的附着物。如有,应尽量清除干净,以名影响焊接质量。

（4）打开配电箱（板）上的电源开关。

（5）转动电流调节手轮（柄），根据焊接规范要求,把前板上电流指示指针调到相应的位路（这时的电流指示值仅供参考）。

（6）在与工件材料相同的试件上试焊,根据试焊情况和焊接规范需要,把焊接电流调到最佳值。

（7）实施焊接作业。

（8）焊接作业完毕（或需暂停焊接离开现场）,必须切断电源。

（9）因故中断作业后重新恢复作业时,应先检查电源和焊接电缆,确认接线正确和绝缘完好后才能恢复作业。

4. 焊接工具的安全要求

焊钳和焊枪：焊钳和焊枪是手弧焊、气电焊以及等离子弧焊的主要工具,它与焊工操作安全有着直接关系,因此必须符合下列要求：

（1）结构轻便,易于操作：手弧焊钳的质量不应超过600g,其他一般不超过700g。

（2）焊钳和焊枪与电缆的连接必须简便可靠,接触良好,否则长时间的大电流通过连接处易发生高热。连接处不得外露,应有屏护装路或将电缆的部分长度深入到握柄内部,以防触电。

（3）要有良好的绝缘性能和隔热能力：由于电阻热往往使焊把发热烫手,因此手柄要有良好的绝热层。气体保护焊的焊枪头应用隔热材料包覆保护。焊钳由夹焊条处至握柄连接处止，间隔为150 mm。

（4）要求密封性能良好：等离子焊枪应保证水冷系统密封，不漏气、不漏水。

（5）操作简便：手弧焊钳应保证在任何斜度下都能夹紧焊条，而且更换焊条方便。可使焊工不必接触带电部分即可迅速更换焊条。

焊接电缆：焊接电缆是焊机连接焊件、工作台、焊钳或焊枪等的绝缘导线，一般要求具备良好的导电能力和绝缘外皮、轻便柔软、耐油、耐热、耐腐蚀和抗机械损伤能力强等性能。操作中人体与焊接电缆接触的机会较多，因此使用时应注意下列安全要求：

（1）长度适中：焊机电源与插座连接的电源线电压较高，触电危险性大，所以其长度越短越好，安全规则规定不得超过 3 m。如确需较长电缆时，应架空布设，严禁将电源线拖在工作现场地面上。焊机与焊件和焊钳（或焊枪）连接的电缆长度，应根据工作时的具体情况而定。太长会增加电压降，太短不便操作，一般以20~30 m 为宜。

（2）截面积适当：电缆截面积应当根据焊接电流的大小和所需电缆长度进行选用，以保证电缆不致过热损坏绝缘外皮。应当说明，焊接电缆的过度超载是损坏的主要原因之一。

（3）减少接头：为避免和减少接触电阻的热量，焊接电缆最好用整根，电缆中间不要有接头。如需用短线接长时，接头不应超过 2 个。接头应用铜夹子做成，连接必须坚固可靠并保证绝缘良好。

（4）严禁利用厂房的金属结构、管道、轨道或其他金属物体

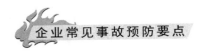

搭接起来作为电缆使用，也不能随便用其他不符合要求的电缆替换使用。

（5）不得将焊接电缆放臵于电弧附近或炽热的焊缝金属旁，以免高温烫坏绝缘材料。

（6）横穿马路和通道时应加遮盖，避免碾压磨损等。

（7）焊接电缆应具有较好的抗机械性损伤能力和耐油、耐热和耐腐蚀性能等，以适应焊工工作的特点。

（8）焊接电缆还应具有良好的导电能力和绝缘外层。

5. 焊接触电的防护措施

电焊工在操作时应按照以下安全用电规程操作：

（1）焊接工作前，应先检查焊机、设备和工具是否完全。如焊机外壳接地、焊机各接线点接触是否良好、焊接电缆的绝缘有无损坏等。

（2）改变焊机接头、更换焊件需要改接二次回路时、转移工作地点、更换熔丝以及焊机发生故障需检修时，必须先切断电源。推拉闸刀开关时，必须戴绝缘手套，同时头部偏斜，以防电弧火花灼伤脸部。

（3）更换焊条时，焊工必须使用焊工手套，要求焊工手套保持干燥、绝缘可靠。对于空载电压和焊接电压较高的焊接操作和在潮湿环境操作时，焊工应用绝缘橡胶衬垫确保焊工与焊接件绝缘。特别是在夏天由于身体出汗后衣服潮湿，不得靠在焊件、工作台上，以防止触电。

（4）在金属容器内或狭小工作场地焊接金属结构时，必须采取专门防护措施。必须采用绝缘橡胶衬垫、穿绝缘鞋、戴绝缘手套，以保障焊工身体与带电体绝缘。要有良好的通风和照明。必须采用绝缘和隔热性能良好的焊钳。须有两人轮换工作，互相照顾，或有人监护，随时注意焊工的安全动态，遇危险时立即切断电源，进行抢救。

（5）在光线不足的较暗环境工作时，必须使用手提工作行灯。一般环境下，使用电压不超过 36 V 的照明灯。在潮湿、金属容器等危险环境，照明行灯电压不得超过 12 V。

（6）加强电焊工的个人防护。个人防护用具包括完好的工作服、焊工用绝缘手套、绝缘套鞋及绝缘垫板等。绝缘手套不得短于 300 mm，应用较柔软的皮革或帆布制作，经常保持完好和干燥。焊工在操作时不应穿有铁钉的鞋或布鞋，因为布鞋极易受潮导电。在金属容器内操作时，焊工必须穿绝缘套鞋。电焊工的工作服必须符合规定，穿着完好，一般焊条电弧焊穿帆布工作服，氩弧焊等穿毛料或皮工作服。

（7）焊接设备的安装、检查和修理，必须由电工来完成。设备在使用中发生故障时，焊工应立即切断电源，并通知维修部门检修，焊工不得自行修理。

（8）遇有人触电时，不得赤手去拉触电人，应迅速切断电源。焊工应掌握对触电人的急救方法。

6. 焊接高处作业防护措施

（1）在高处作业时，电焊工首先要系上带弹簧钩的安全带，并把自身系在构架上。为了保护下面的人不致被落下的熔融金属滴

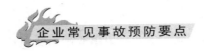

和熔渣烧伤，或被偶然掉下来的金属物等砸伤，要在工作处的下方搭设平台，平台上应铺盖铁皮或石棉板。高出地面 1.5 m 以上的脚手架和吊空平台的铺板须用不低于 1 m 高的栅栏围住。

（2）在上层施工时，下面必须装上护栅以防火花、工具和零件及焊条等落下伤人。在施焊现场 5 m 范围内的刨花、麻絮及其他可燃材料必须清除干净。

（3）在高处作业的电焊工必须配用完好的焊钳、附带全套备用镜片的盔式面罩、锋利的錾子和手锤，不得用盾式面罩代替盔式面罩。焊接电缆要紧绑在固定处，严禁绕在身上或搭在背上工作。

（4）焊接用的工作平台，应保证焊工能灵活方便地焊接各种空间位络的焊缝。安装焊接设备时，其安装地点应使焊接设备发挥作用的半径越大越好。使用灵活的电焊机在高处进行焊条电弧焊时，必须采用外套胶皮管的电源线；活动式电焊机要放络平稳，并有完好的接地装络。

（5）在高处焊接作业时，不得使用高频引弧器，以防万一触电、失足坠落。高处作业时应有监护人，密切注意焊工安全动态，电源开关应设在监护人近旁，遇到紧急情况立即切断电源。高处作业的焊工，当进行安装和拆卸工作时，一定要戴安全帽。

（6）遇到雨、雾、阴冷天气和干冷时，应遵照特种规范进行焊接工作。电焊工工作地点应加以防护，免受不良天气影响。

（7）电焊工除掌握一般操作安全技术外，高处作业的焊工一定要经过专门的身体检查，通过有关高处作业安全技术规则考试才能上岗。

7. 焊接作业的防火、防爆措施

（1）为防止火灾和爆炸类事故的发生，在作业前应仔细检查作业场所，在企业的禁火区内严禁动火焊接。

（2）作业场所周围 10 m 的范围内不得存在有易燃易爆物品。

（3）在进行气焊或气割作业时，要仔细检查瓶阀、减压阀和胶管，不能有漏气现象，拧装和拆取阀门都要严格按操作规程进行。

（4）在进行电焊作业时，应注意如电流过大而导线包皮破损会产生大量热量，或者接头处接触不良均易引起火灾。因此作业前应仔细检查，对不良设备予以更换。

（5）应该注意在焊接和切割管道、设备时，热传导能导致另一端易燃易爆物品发生火灾爆炸，所以在作业前要仔细检查，对另一端的危险物品予以清除。

（6）切割旧设备、废钢铁时，要注意清除其中夹杂的易燃易爆物品，防止发生火灾和爆炸类事故。

（7）当工作地点存在下列情况之一时，禁止进行焊接与切割作业：

① 堆存大量如漆料、棉花、干草等易燃物品，而又无法采取有效的防护措施时；

② 焊接与切割可能形成易燃易爆蒸气或积聚爆炸性粉尘时；

③ 新涂油漆而油漆尚未充分干燥的结构；

④ 处于受压状态或者装载易燃易爆介质、有毒介质的容器、装胳和管道。

（8）在作业现场，要配备足够数量的灭火器材，要检查灭火器材

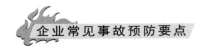

的有效期限，保证灭火器材有效可用。

（9）焊接、切割作业结束后，要仔细检查现场，消除遗留下的火种，避免后患。

8. 焊接作业职业危害防护措施

所谓保护，就是要把人体同生产中的危险因素和有毒因素隔离开来，创造安全、卫生和舒适的劳动环境，以保证安全生产。安全生产包括两个方面的内容：一是要预防工伤事故的发生，即触电、火灾、爆炸、金属飞溅和机械伤害等；

二是要预防职业病的危害，防尘、防毒、防射线和噪声等。

（1）通风防护措施

焊接切割过程中只要采取完善的防护措施，就能保证焊工只会吸入微量的烟尘和有毒气体，通过人体的解毒作用，把毒害减到最小程度，从而避免发生焊接烟尘和有毒气体中毒现象。通风技术措施是消除焊接粉尘和有毒气体、改善劳动条件的有力措施。按通风范围，可分为全面通风和局部通风。由于全面通风费用高，且排烟不理想，因此除大型焊接车间外，多采用局部通风措施。局部通风系统主要由吸尘罩（排烟罩）、风道、除尘或净化装骼以及风机组成。

（2）个人防护措施

焊接作业的个人防护措施主要是对头、面、眼睛、耳、呼吸道、手、身躯等方面的人身防护。主要有防尘、防毒、防噪声、防高温辐射、防放射性、防机械外伤和脏污等。焊接作业除穿戴一般防护用品（如工作服、手套、眼镜、口罩等）外，针对特殊作业场合，还可以佩戴通风焊帽（用于密闭容器和不易解决通风的特殊作业场所的焊接作业），防止烟尘危害。

对于剧毒场所紧急情况下的抢修焊接作业等，可佩戴隔绝式氧气呼吸器，防止急性职业中毒事故的发生。

为保护焊工眼睛不受弧光伤害，焊接时必须使用镶有特别防护镜片的面罩，并按照焊接电流的强度不同来选用不同型号的滤光镜片。同时，也要考虑焊工视力情况和焊接作业环境的亮度。

为防止焊工皮肤不受电弧的伤害，焊工易穿浅色或白色帆布工作服。同时，工作服袖口应扎紧，扣好领口，皮肤不外露。

对于焊接辅助工和焊接地点附近的其他工作人员受弧光伤害问题，工作时要注意相互配合，辅助工要戴颜色深浅适中的滤光镜。在多人作业或交叉作业场所从事电焊作业，要采取保护措施，设防护遮板，以防止电弧光刺伤焊工及其他作业人员的眼睛。

此外，接触钍钨棒后应以流动水和肥皂洗手，并注意经常清洗工作服及手套等。戴隔音耳罩或防音耳塞，防护噪声危害，这些都是有效的个人防护措施。

（3）改革工艺和改进焊接材料

① 生产工艺的优化选择。不同的焊接工艺产生的污染物种类和数量有很大的区别。条件允许的情况下，应选用成熟的隐弧焊代替明弧焊，可大大降低污染物的污染程度。

② 焊接材料和设备的选择。在生产工艺确定的前提下，应选用机械化、自动化程度高的设备。采用低锰、低氢、低尘焊条；氩弧焊和等离子弧焊接切割时不用钍钨棒，改用放射性较低的铈钨或钇钨电极；氩弧焊引弧及稳

惰性气体

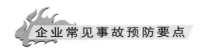

弧措施，尽量采用脉冲装胳，而不用高频振荡装胳；在保证焊接质量的前提下，合理选用工艺参数可降低噪声。

③ 提高操作者技术水平。高水平的焊接工人在焊接过程中能够熟练、灵活地执行操作规章，并根据具体情况作出相应的技术调整。与非熟练工相比，发尘量减少 20% 以上，焊接速度快 10%，且焊接质量好。

④ 努力采用和开发安全卫生性能好的焊接技术。提倡在焊接结构设计、焊接材料、焊接设备和焊接工艺等各个环节中，采用和开发安全卫生性能好的焊接技术。

五、电工作业伤害预防要点

1. 电工作业的危险因素

（1）对人体伤害

电击：电流对人体内部组织造成的伤害，会因为神经系统受到电流强刺激，引起呼吸中枢衰竭，呼吸麻痹，严重时心室纤维性颤动，引起昏迷和死亡。

电伤：电流产生的热效应、化学效应、光效应或机械效应对人体造成的伤害。会在人体上留下灼伤、电烙印和皮肤金属化等伤害。

（2）电气火灾

在可燃气体或粉尘达到爆炸极限以上的环境中，电气设备出现微小的火花和非正常状态下工作造成的高温，会引起爆炸或燃烧。

（3）机械伤害

（4）高处坠落、坠物

（5）电辐射

（6）灼烫

2. 电工作业过程中的安全防护措施

（1）电工属于特种作业，必须持证上岗，严禁无证操作。

（2）配备标准的配电箱，配电箱要牢固、遮盖防雨。

（3）电工严禁酒后作业、疲劳作业，严禁不按操作规程冒险作业、违规作业。

（4）正确使用电工安全用具。高压绝缘鞋、绝缘手套等电工工具，应定期送相关国家部门检测。

（5）每次使用安全用具前，必须认真检查安全用具有无损坏或裂纹。携带式电压和电流指示器，验电笔或试电笔在使用前必须验正是否良好，避免使用中出现误判断造成事故。试电笔分为高压和低压试电笔两种，应注意区别选用。

（6）在登高作业时，必须使用牢固可靠的登高安全用具。

（7）电气设备的金属外壳，必须接地或接零。同一设备可做接地和接零。同一供电网不允许有的接地有的接零。

（8）电气设备所用保险丝（片）的额定电流应与其负荷容量相适应。禁止用其他金属线代替保险丝（片）。

（9）线路上禁止带负荷接电，并禁止带电操作。

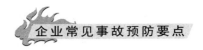

（10）施工现场配电箱要有防雨措施，门锁齐全，有色标，统一编号，开关箱要做到一机一闸一保险，箱内无杂物，开关箱、配电箱内严禁动力、照明混用。

（11）高空作业必须有人监护，系安全带，使用竹木梯要牢固平稳角度适当，不准上下抛掷工具物品。

（12）维修电器设备时，必须首先切断电源，取下熔断丝，挂上警示牌，经验电确认无电才能作业。通电试验外壳要接地，禁止他人靠近。

（13）电工作业时，应是两人操作。特别是关键部位的作业或带电作业。

3. 电工安全操作规程

（1）从事电气工作的人员，必须各部感官无严重缺陷。经有关部门培训考试鉴定合格，持有国家劳动安全监察部门认可的《电工操作上岗证》才能进行电气操作。

（2）必须熟练掌握触电急救方法。

（3）电气操作人员应思想集中，电器线路在未经测电笔确定无电前，应一律视为"有电"，不可用手触摸，不可绝对相信绝缘体，应认为有电操作。

（4）工作前应详细检查自己所用工具是否安全可靠，穿戴好必须的防护用品，以防工作时发生意外。

（5）电工对车床、仪表、设施、灯光及电路检修时，应根据车型和线路设置正确操作，避免因电路漏电、断路、短路现象引起高温着火，确保车床、仪表、设施工作正常，准确，灯光明亮，接触良好。

（6）局部照明必须用 36 V 及以下的安全电压，在特别潮湿的现场和金属封闭容器内，用 12 V 电压，不准使用单线圈降压，变压器的一次线不得长于 2 m。

（7）变压器的外壳，必须牢固可靠的接地（接零）保护，严禁在接地接零线路上接熔断器和开关，更不准以工作零线代替保护零线。

（8）在同一电网中，不准某些设备采用接零保护而加一些设备采用接地保护，接零保护和接地保护在设备和设备之间不准串联。

（9）设备与电器安装完成后，必须经过检测试运行，方向正确后方可交付使用。

（10）安装临时线路时，必须按照有关规定与标准敷设，使用期不能超过一个月，需长期使用的设备，应及时敷设正式线路。临时线路不用时，需即时拆除。

（11）维修线路要采取必要的措施，在开关手把上或线路上悬挂"有人工作、禁止合闸"的警告牌，防止他人中途送电。送电前必须认真检查，看是否合乎要求并和有关人员联系好，方能送电。

（12）在大的工程安装和分散的检修中，要有专人负责指挥。工作前要交待相关安全及应采取的措施，工作范围以及应注意事项。调试前要清点人数、工具和清理现场，在不可少于两人对线路进行调试，确认人、物无遗漏时方能试送电。

（13）在特殊情况下，不能停电作业时，须经领导批准，并在有经验的电工监护下，采取安全措施方可工作，严禁带负荷接线和断线。

（14）使用测电笔时要注意测试电压范围，禁止超出范围使用，电工人员一般使用的电笔，只许在五百伏以下电压使用。

（15）工作中所有拆除的电线要处理好，带电线头包好，以防发生触电。

（16）所用导线及保险丝，其容量大小必须合乎规定标准，选择开关时必须大于所控制设备的总容量。

（17）遇有雷雨天气时，在户外线路上和引入室内的架空引入线上及连接的刀闸上，工作的人员应停电工作。

（18）工作完毕后，必须拆除临时地线，并检查是否有工具等物漏忘电杆上。

（19）发生火警时，应立即切断电源，用四氯化碳粉质灭火器或黄沙扑救，严禁用水扑救。

（20）工作结束后，必须全部工作人员撤离工作地段，拆除警告牌，所有材料、工具、仪表等随之撤离，原有防护装置随时安装好。

（21）在登高作业时，必须有人监护，工作前先检查安全带、脚扣、梯子、高凳等有无损坏，发现有安全隐患问题时要立即解决，梯子的角度要放得适当，触地端要采取防滑措施，高凳中间要有拉绳，不准人站在梯子上移动梯子，更不准站在高凳的最上一层工作。

4. 应急措施

（1）当出现异常情况或事故发生时，危险区域的作业人员要紧急撤离，应立即向安全管理人员或现场管理人员报告，采取合理的安全防护措施，安全措施落实后方可进行作业。

（2）发生事故后，首先确定有无再发生事故的危险，排除二次事故的隐患，确保救援人员安全现场。情况允许时应当对伤员现场救助。

（3）发现有人触电后，应立即切断电源进行抢救，但在未脱离电源时不准直接接触触电者。

（4）第一时间抢救触电者，并让在场人员打 120 求援，同时向上级领导报告，如果触电者呼吸和心跳均停止时，就立即进行人工呼吸和胸外按压，在医务人员未接替抢救前，不得放弃现场抢救。如条件允许可直接用车送到医院抢救治疗。

（5）电气设备引起火灾应采取的措施：第一最好切断电源后，开始灭火；第二选择不导电的灭火剂如干粉等；第三近距离的救火人员要穿绝缘靴绝缘手套等，根据现场情况及时打 119 急救电话。如条件允许可直接用车送到医院抢救治疗。

六、物体打击伤害预防要点

1. 物体打击事故

物体打击是指失控的物体在惯性力或重力等其他外力的作用下

产生运动，打击人体而造成人身伤亡事故。物体打击会对建设施工人员的人身安全造成威胁、伤害，甚至死亡。特别是在施工周期短，人员密集、施工机具多、物料投入较多，交叉作业多时，易发生对人身的物体打击伤害。

2. 物体打击的主要类型

高位物落伤人

（1）在生产作业过程中，有位差的作业环境较多，在高位的物体处置不当，容易出现物体坠落伤人的情况，严重威胁下面作业人员的安全。通常问题发生在上面工作人员，受害的人在下面。除了违章操作外，还因缺乏沟通和及时的联系，遇突然情况出现时措手不及、错误操作、盲目蛮干，下面操作人员不按规定穿戴安全帽等劳动保护用品，就会因物体坠落，造成人员伤亡事故。

（2）通常会出现的情况有：

① 物体移位失慎落下：若高位工作的工人在移动物体时不注意，一旦移动的物体（如跳板、耐火砖、工具或其他物体等）就会落下砸到下面的作业人员。

② 传递物失手落下：若高位工作的员工在传递物体时不注意，一旦传接失手或摆放政治部稳时，传递物体就会落下砸到下面的作业工人。

③ 吊装物体落下：若在吊装物件时，防护设施不足或防护措施不当（如吊笼没有护栏

或护栏不足、捆绑不好等），容易发生吊装物件跌落地面。

④ 高层备料、备物超量坠落：若生产作业人员不了解允许最大承受的载荷量知识，盲目堆料、堆物，就容易因备料量超过允许的载荷量，压断平面建筑，而使物体坠。

⑤ 放置物失落：若高层生产作业现场，对钢管、钢筋、铁板、焊条、各种工具以及大量扒钉等放置物不及时清理，受各种因素影响，容易发生物体坠落。

⑥ 乱扔物料坠落：若高层作业人员为图省事，将作业需用物料、拆卸的辅助材料、用剩材料、用完的工具、清理的废弃物等物料以扔代运、以扔代传的方式进行操作，容易发生物体坠落。

3. 物体打击危险环境

有些生产作业人员在生产作业中，常不知不觉的将自身置于有物体打击的有险环境之中；或是违反操作规程，使自己的作业成为有险作业，结果引发了物料打击伤害自己或他人的严重后果。在生产作业过程中，由于生产过程遇到的情况千变万化，每个生产作业人员的素质和安全意识程度不同，也有可能因违章操作或疏忽大意，而发生将自己置于物体打击因素有险的环境出现发生伤害事故。

（1）盲目穿行：高空吊装、高空输送机架下是危险区，若下边没有设置醒目的禁止穿行标志，或生产作业人员为贪图方便，盲目穿行架下，一旦上方物件、物料下落就有可能发生砸伤事故。

（2）攀登不牢固物体：在生产作业现场攀登作业时，若事先未作认真检查，而盲目攀登不牢固物体，就有可能发生跌落伤害事故。

（3）颠倒生产作业程序：在生产作业过程中，若为追求进

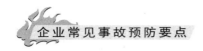

度，颠倒了应有的程序，冒险蛮干，就有可能引发物体断裂打击事故。

4. 防止物体打击事故基本安全要求

（1）员工进入生产作业现场必须按规定配带安全帽。生产作业人员按生产作业安全要求在规定的安全通道内上下出入通行，不准在非规定的通道位置处通行走动。

（2）安全通道上方应搭设防护设施，防护设施使用的材料要能防止高空坠落物穿透。

（3）钢架、生产用人货梯等出入口位置应搭设防护设施。

（4）需要在分解炉、预热器内作业的人员配带安全帽，交叉作业时上方要用木板加保护网，向上下提运物料时，在作业时、应有监护人员进行监护。

（5)检修、生产作业中使用的绳索、滑轮、钩子等应牢固无损坏，防止物件坠落伤人。

（6）临时建筑的设施盖顶不得使用石棉瓦、玻璃钢纤维瓦作盖顶。用石棉瓦、玻璃钢纤维瓦、彩钢板搭建防雨棚不得上人随意行走，行走时必须铺设木板，防止人员坠落。

（7）高处作业点的下方必须设置安全警戒线。以防物料坠落伤人。

（8）拆除、拆卸作业时

四周必须有明确的安全标志，配备一定的人员指挥警戒。拆卸过程中凡属影响厂房、设备、人员通道部位的需安全封闭、加固防护设施、做到安全可靠；钢管、管扣、螺栓、配件、工具等严禁往下抛掷，必须往下传递和用机具吊运回地面，吊运时绑扎装载必须牢固安全。

（9）施工作业平台上堆放物料，应不超过平台的容许承载力。防止因平台承载力不足或物料叠垛倾斜而倒塌伤人。

（10）高处拆除作业时，对拆卸下的物料，要及时清理和运走，不得在走道上任意乱放或向下丢弃。

（11）"四口"（楼梯口、电梯井口、垃圾口、通道口的外侧边等必须设置不少于 1.2 m 高的双层围栏或搭设安全网。边长小于或等于 250 mm 的洞口必须用坚实的盖板封闭。

（12）生产作业过程中一般常用的工具必须放在工具袋内，物料传递不准往下或向上乱抛材料和工具等物件，所有物料应堆放平稳，不得放在临边及洞口附近，并不可妨碍通行。

（13）吊运物料都必须由持有司索工上岗证人员进行绑扎，吊运散料应用吊篮装置好后才能起吊。

（14）高空安装起重设备或垂直运输机具，要注意零部件落下伤人。

（15）工作平台外侧应设置护身栏，踢脚板。

5. 施工现场防物体打击管理

（1）高处作业使用的材料和

工器具均采取防止坠落的措施，并且做到"落手清"。

（2）塔吊吊装物品应严格执行操作规程。

（3）施工人员严禁相互间或向上、向下抛物，上下交叉作业必须设防护隔离。

（4）在使用电钻、电锤时采取固定防范措施，砂轮机等转动工具必须可靠，砂轮片、钻头等需固定牢固，以防飞出伤人。

（5）施工现场周边必须设立围墙或高度不低于 1.8 m 高的临时围挡，并设立境示标志，禁止非施工人员进入现场，临近公路或其他建筑周边应设置双层防护棚。

（6）防护用品穿戴整齐，裤脚要扎住，戴好安全帽，不穿光滑的硬底鞋，要有足够强度的安全带，并将绳子牢系在坚固的建筑结构上或金属结构架上。

（7）检查所用的用具（如安全帽、安全带、梯子、跳板、脚手架、防护板、安全网等）必须安全可靠，严禁冒险作业。

（8）高处作业所用的工具、零件、材料等必须装入袋内，上下时途中不得疏忽、不得在高处往下投扔材料或工具等，不得将易滚滑得工具、材料堆在脚手架上，不准打闹，工作完毕，应及时清理工具、零星材料等。

（9）要处处注意警示标志、危险地方夜间作业必须置足够的照明设施，否则禁止作业。

（10）严禁上下同时垂直作业者，若特殊情况必须垂直作业，应经有有关领导批准，并在上下两层中间设置专用防护棚或其他隔离措施。

（11）脚手架的负荷，每平方米不得超过 270 kg。

（12）塔吊吊料覆盖范围内的临时设施必须设置双层防护棚。塔吊经过人员上方时信号指挥人员必须进行提示或塔吊司机鸣铃示警。

（13）脚手板、斜道板、跳板的交通运输道、楼梯等应随时清扫。

（14）进行高空焊接、气割时必须事先清理火星飞溅范围内的易燃物，或采取可靠的隔离措施才能施工。

（15）遇有六级风力时，必须禁止露天高处作业。

6. 发生物体打击应急措施

（1）当发生物体打击事故后，抢救的重点放在对颅脑损伤、胸部骨折和出血上进行处理。

（2）发生物体打击事故，应马上组织人员抢救伤者，首先观察受伤者的受伤情况、受伤部拉，伤害性质等。如伤员发生休克，应先处理休克。遇呼吸、心跳停止者，应立即进行人工呼吸，胸外心脏挤压。处于休克状态的伤者要让其安静、保暖、平卧、少动，并将下肢抬高约 20° 左右，尽快将伤者送往医院进行抢救治疗。

（3）出现颅脑损伤，必须维持呼吸道通畅，昏迷者应平卧，面部转向一侧，以防舌根下坠呀分泌物，呕吐物吸入，发生喉阻塞，有骨折者，应初步固定后再搬运。遇有凹陷骨折，严重的颅底骨折及严重脑损伤症状出现，创伤处用消毒的纱布或清洁布等覆盖伤口，用绷带或布条包扎好，及时送就近的医院治疗。

（4）发现脊椎受伤者，创伤处用消毒的纱布或清洁布等覆盖伤口，用绷带或布条包扎后。在搬运过程中，应将伤者平卧放在帆布担架或硬板上，以免受伤的脊椎移位、断裂造成截瘫，导致死亡。抢救脊椎受伤者，搬运过程中，严禁只抬伤者的两肩与两脚或单肩背运。

（5）发现伤者手足骨折，不要盲目搬动伤者。应在骨折部位用夹板把受伤位置临时固定，使断端不再移位或刺伤肌肉、神经或

血管。固定方法：以固定骨折处上下关节为原则，可就地取材，用木板、竹竿等材料包扎固定。在无材料的情况下，上肢可固定在身侧，下肢与脚侧缚在一起。

（6）遇有创伤性出血的伤员，应迅速包扎止血，使伤员在头低脚高的卧位，并注意保暖，迅速在现场止血处理措施后送医院治疗。

（7）在现场急救方法止血处理措施：

① 一般伤口小的止血法：先用生理盐小（0.9%NaCl 溶液）冲洗伤口，涂上红汞水，然后盖上消毒纱布，用绷带较紧地包扎。

② 加压包扎止血法：选择弹性好的橡皮管，橡皮带或三角巾、毛巾、带状布条等，上肢出血时结扎在上臂上 1/2 处（靠近心脏位置），下肢出血时结扎在大腿上 1/3 处（靠近心脏位置）。结扎时，在止血带与皮肤之间垫上消毒布棉垫，每隔 25~40 min 放松一次，每次放松 0.5~1 min。

③ 动用最快的交通工具或其他措施，及时把伤员送往邻近的医院抢救。同时，密切注意伤员的呼吸，脉搏、血压及伤口的情况。

七、高处坠落伤害预防要点

1. 高处坠落

按照国家标准《高处作业分级》规定：凡在坠落高度基准面2m以上（含2m）的可能坠落的高处所进行的作业，都称为高处作业。在施工现场高空作业中，如果未防护，防护不好或作业不当都可能发生人或物的坠落。人从高处坠落的事故，称为高处坠落事故。

2. 高处坠落分类

高处坠落事故是由于高处作业引起的，故可以根据高处作业的分类形式对高处坠落事故进行简单的分类。根据《高处作业分级》（GB/T 3608—2008）的规定，凡在坠落高度基准面2 m以上（含2 m）有可能坠落的高处进行的作业，均称为高处作业。根据高处作业者工作时所处的部位不同，高处作业坠落事故可分为：

（1）临边作业高处坠落事故；

（2）洞口作业高处坠落事故；

（3）攀登作业高处坠落事故；

（4）悬空作业高处坠落事故；

（5）操作平台作业高处坠落事故；

（6）交叉作业高处坠落事故等。

3. 高处坠落事故的特点

从发生事故的主体看，由于违反操作规程或劳动纪律及由于未使用或正确使用个人防护用品而造成坠落事故的占事故总数的

68.2%。从发生事故的主体的年龄来看，23 ~ 45 周岁的人居多，约占全部事故 70%以上。

从发生事故的客体看，原因多方面，包括安全生产责任制落实不好，安全经费投入不足，安全检查流于形式，劳动组织不合理，安全教育不到位，施工现场缺乏良好的安全生产环境与生产秩序等。

从发生事故的结果看，作业离地面越高，净击力越大，伤害程度越大。

从发生事故的类型看，高处坠落事故最易在建筑安装登高架设作业过程中与脚手架、吊篮处、使用梯子登高作业时以及悬空高处作业时发生。其次在"四口五临边"处，轻型屋面处坠落，还有些坠落事故是在拆除工程时、和其他作业时发生。

4. 发生高处坠落的原因

根据事故致因理论，事故致因因素包括人的因素和物的因素两个主要方面。

从人的不安全行为分析主要有以下原因：

（1）违章指挥、违章作业、违反劳动纪律的"三违"行为，主要表现为：

① 指派无登高架设作业操作资格的人员从事登高架设作业，比如项目经理指派无架子工操作

证的人员搭拆脚手架即属违章指挥；

② 不具备高处作业资格（条件）的人员擅自从事高处作业，根据《建筑安装工人安全技术操作规程》有关规定，从事高处作业的人员要定期体检，凡患高血压、心脏病、贫血病、癫痫病以及其他不适合从事高处作业的人员不得从事高处作业；

③ 未经现场安全人员同意擅自拆除安全防护设施，比如砌体作业班组在做楼层周边砌体作业时擅自拆除楼层周边防护栏杆即为违章作业；

④ 不按规定的通道上下进入作业面，而是随意攀爬阳台、吊车臂架等非规定通道；

⑤ 拆除脚手架、井字架、塔吊或模板支撑系统时无专人监护且未按规定设置可够的防护措施，许多高处坠落事故都是在这种情况下发生的；

⑥ 高空作业时不按劳动纪律规定穿戴好个人劳动防护用品（安全帽、安全带、防滑鞋）等。

（2）人操作失误，主要表现为：

① 在洞口、临边作业时因踩空、踩滑而坠落；

② 在转移作业地点时因没有及时系好安全带或安全带系挂不牢而坠落；

③ 在安装建筑构件时，因作业人员配合失误而导致相关作业人员坠落。

（3）注意力不集中，主要表现为作业或行动前不注意观察周围的环境是否安全而轻率行动，比如没有看到脚下的脚手板是探头板或已腐朽的板而踩上去坠落造成伤害事故，或者误进入危险部位而造成伤害事故。

从物的不安全状态分析主要有以下原因：

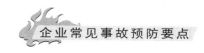

（1）高处作业的安全防护设施的材质强度不够、安装不良、磨损老化等，主要表现为：

① 用作防护栏杆的钢管、扣件等材料因壁厚不足、腐蚀、扣件不合格而折断、变形失去防护作用；

② 吊篮脚手架钢丝绳因摩擦、锈蚀而破断导致吊篮倾斜、坠落而引起人员坠落；

③ 施工脚手板因强度不够而弯曲变形、折断等导致其上人员坠落；

④ 因其他设施设备（手拉葫芦、电动葫芦等）破坏而导致相关人员坠落。

（2）安全防护设施不合格、装置失灵而导致事故，主要表现为：

① 临边、洞口、操作平台周边的防护设施不合格；

② 整体提升脚手架、施工电梯等设施设备的防坠装置失灵而导致脚手架、施工电梯坠落。

（3）劳动防护用品缺陷，主要表现为高处作业人员的安全帽、安全带、安全绳、防滑鞋等用品因内在缺陷而破损、断裂、失去防滑功能等引起的高处坠落事故，有的单位贪图便宜，购买劳动防护用品时只认价格高低，而不管产品是否有生产许可证、产品合格证，导致工人所用的劳动防护用品本身质量就存在问题，根本起不到安全防护作用。

5. 高空坠落事故预防

（1）控制人的因素，减少人的不安全行为

经常对从事高处作业人员进行观察检查，一旦发现不安全情况，或及时进行心理疏导，消除心理压力，或调离岗位。禁止患有高血压、心脏病、癫痫病等疾病或生理缺陷的人员从事高处作业，应当定期给从事高空作业的人员进行体格检查，发现有妨碍高处作业疾病或生理缺陷的人员，应将其调离岗位。

对高处作业人员除进行安全知识教育外，还应加强安全态度教育和安全法制教育，提高他们的安全意识和自身防护能力，减少作业风险。运用行为科学理论对违章行为负强化，对遵章行为强化，从而提高遵章守纪的自觉性。

施工企业领导应当主动关心职工的生活、工作思想情况，及时了解他们各自的需要，排除干扰安全生产的生理疲劳及心理疲劳因素特别要做好五种人（不懂技术粗鲁人，盲目蛮干的野蛮人，结婚前后的幸福人，探亲归来的疲劳人，家庭纠纷的烦恼人）的安全防范措施。

组织从事高处作业人员对有关规程、标准进行学习。

寻找事故发生规律，做好高空作业人员二重或三重临界日或情绪临界日的安全防护工作或根据情况调离岗位。

（2）控制物的因素，减少物的不安全状态

把好材料关，施工中所搭设的脚手架必须坚固、可靠，满足有关规定的要求。根据不同的施工条件设置安全网，安全网必须经过试验，以 100 kg 重的沙袋从高处抛下，沙袋落网后安全网的网绳、边绳和系绳均不断，方为合格。

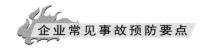

坚持"四口五临边"防护措施

从事悬空作业或具有危险性的高处作业的人员应挂好安全带。安全上必须三证齐全。

（3）控制操作方法，防止违章行为

为预防坠落事故，首先应尽量避免采用高处作业的方式，其次对不属于高处作业的工种，也应注意采取相应的防护措施。

加强对脚手架搭设方案的审核，审批工作与脚手架搭设后检查验收工作。

从事高处作业人员禁止穿高跟鞋、硬底鞋、拖鞋等易滑鞋上岗或酒后作业。

从事高处作业人员应注意身体重心，注意用力方法，防止因身体重心超出支承面而发生事故。

（4）强化组织管理，避免违章指挥

严格高处作业检查、教育制度，坚持"四勤"（即勤教育、勤检查、勤深入作业现场进行指导，勤发动群众提合理化建议活动），查身边事故隐患，实现"三不伤害"（即我不伤害自己，我不伤害他人，我不被他人伤害）的目的。

应该及时根据季节变化，调整作息时间，防止高处作业人员产生过度生理疲劳。

落实强化安全责任制、将安全生产工作实绩与年终分配考核结果联系在一起。

尽量减少作业风险。

（5）控制环境因索，改良作业环境

禁止在大雨，大雪及六级以上强风天等恶劣天气从事露天悬空作业。

大雪、大雨、六级以上强风天过后，应当对脚手架进行检查和清理。

在脚手架上进行撬、拨、推拉、冲地、冲击等危险性较大的作业，应当采取可靠的安全技术措施。

夜间施工，照明光线不足，不得从事悬空作业。

6. 高处作业的一般施工安全规定和技术措施

（1）施工前，应逐级进行安全技术教育及交底，落实所有安全技术措施和个人防护用品，未经落实时不得进行施工。

（2）高处作业中的安全标志、工具、仪表、电气设施和各种设备，必须在施工前加以检查，确认其完好，方能投入使用。

（3）悬空、攀登高处作业以及搭设高处安全设施的人员必须按照国家有关规定经过专门的安全作业培训，并取得特种作业操作资格证书后，方可上岗作业。

（4）从事高处作业的人员必须定期进行身体检查，诊断患有心脏病、贫血、高血压、癫痫病、恐高症及其他不适宜高处作业的疾病时，不得从事高处作业。

（5）高处作业人员应头戴安全帽，身穿紧口工作服，脚穿防滑鞋，腰系安全带。

（6）高处作业场所有坠落可能的物体，应一律先行撤除或予以固定。所用物件均应堆放平稳，不妨碍通行和装卸。工具应随手放入工具袋，拆卸下的物件及余料和废料均应及时清理运走，清理时应采用传递或系绳提溜方式，禁止抛掷。

（7）遇有六级以上强风、浓雾和大雨等恶劣天气，不得进行露天悬空与攀登高处作业。台风暴雨后，应对高处作业安全设施逐一检查，发现有松动、变形、损坏或脱落、漏雨、漏电等现象，应立即修理完善或重新设置。

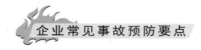
（8）所有安全防护设施和安全标志等。任何人都不得损坏或擅自移动和拆除。因作业必须临时拆除或变动安全防护设施、安全标志时，必须经有关施工负责人同意，并采取相应的可靠措施，作业完毕后立即恢复。

（9)施工中对高处作业的安全技术设施发现有缺陷和隐患时，必须立即报告，及时解决。危及人身安全时，必须立即停止作业。

7. 高处作业的基本安全技术措施

（1）凡是临边作业，都要在临边处设置防护栏杆，一般上杆离地面高度一般为 1.0~1.2 m，下杆离地面高度为 0.5~0.6 m；防护栏杆必须自而下用安全网封闭，或在栏杆下边设置严密固定的高度不低于 18 cm 的挡脚板或 40 cm 的挡脚笆。

（2）对于洞口作业，可根据具体情况采取设防护栏杆、加盖板、张挂安全网与装栅门等措施。

（3）进行攀登作业时，作业人员要从规定的通道上下，不能

在阳台之间等非规定通道进行攀登，也不得任意利用吊车车臂架等施工设备进行攀登。

（4）进行悬空作业时，要设有牢靠的作业立足处，并视具体情况设防护栏杆、搭设架手架、操作平台，使用马凳，张挂安全网或其他安全措施；作业所用索具、脚手板、

吊篮、吊笼、平台等设备，均需经技术鉴定方能使用。

（5）进行交叉作业时，注意不得在上下同一垂直方向上操作，下层作业的位置必须处于依上层高度确定的可能坠落范围之外。不符合以上条件时，必须设置安全防护层。

（6）结构施工自二层起，凡人员进出的通道口（包括井架、施工电梯的进出口），均应搭设安全防护棚。高度超过 24 m 时，防护棚应设双层。

（7）建筑施工进行高处作业之前，应进行安全防护设施的检查和验收。验收合格后，方可进行高处作业。

8. 高处作业安全防护用品使用常识

由于建筑行业的特殊性，高处作业中发生的高处坠落、物体打击事故的比例最大。许多事故案例都说明，由于正确佩戴了安全帽、安全带或按规定架设了安全网，从而避免了伤亡事故。事实证明，安全帽、安全带、安全网是减少和防止高处坠落和物体打击这类事故发生的重要措施，常称之为"三宝"。

作业人员必须正确使用安全帽，调好帽箍，系好帽带；正确使用安全带，高挂低用。

（1）安全帽

对人体头部受外力伤害（如物体打击）起防护作用的帽子。使

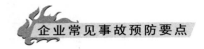

用时要注意：

①选用经有关部门检验合格，其上有"安鉴"标志的安全帽；

②使用戴帽前先检查外壳是否破损，有无合格帽衬，帽带是否齐全，如果不符合要求立即更换。

③调整好帽箍、帽衬（4～5cm），系好帽带。

（2）安全带

高处作业人员预防坠落伤亡的防护用品。使用时要注意：

①选用经有关部门检验合格的安全带，并保证在使用有效期内。

②安全带严禁打结、续接。

③使用中，要可靠地挂在牢固的地方，高挂低用，且要防止摆动，避免明火和刺割。

④2m以上的悬空作业，必须使用安全带。

⑤在无法直接挂设安全带的地方，应设置挂安全带的安全拉绳、安全栏杆等。

（3）安全网

用来防止人、物坠落或用来避免、减轻坠落及物体打击伤害的网具。使用时要注意：

①要选用有合格证的安全网；在使用时，必须按规定到有关部门检测、检验合格，方可使用。

②安全网若有破损、老化应及时更换。

③安全网与架体连接不宜绷得太紧，系结点要沿边分布均匀、绑牢。

④立网不得作为平网使用。

⑤立网必须选用密目式安全网。

八、消防事故预防要点

1. 火灾的原因

电气

电气原因引起的火灾在我国火灾中居于首位。有关资料显示，全国因电气原因引发的火灾占火灾总数的 32.2%。

电气设备过负荷、电气线路接头接触不良、电气线路短路等是电气引起火灾的直接原因。其间接原因是由于电气设备故障或电器设备设置和使用不当所造成的，如将功率较大的灯泡安装在木板、纸等可燃物附近，将荧光灯的镇流器安装在可燃基座上，以及用纸或布做灯罩紧贴在灯泡表面，在易燃易爆的车间内使用非防爆型的电动机、灯具、开关等。

吸烟

烟蒂和点燃烟后未熄灭的火柴温度可达到 800℃，能引起许多可燃物质燃烧，在起火原因中，占有相当的比重。2012 年，全国因吸烟引发的火灾占到了总数的 6.2%。具体情况如：

（1）将没有熄灭的烟头和火柴梗扔在可燃物中引起火灾；

（2）躺在床上，特别是醉酒后躺在床上吸烟，烟头掉在被褥上引起火灾；

（3）在禁止火种的火灾高危场所，因违章吸烟引起火灾事故等等。

生活用火不慎

生活用火不慎主要是指城乡居民家庭生活用火不慎，如炊事用

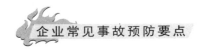

火中炊事器具设置不当，安装不符合要求，在炉灶的使用中违反安全技术要求等引起火灾；家中烧香祭祀过程中无人看管，造成香灰散落引发火灾等。2012年，全国因生活用火不慎引发的火灾占到了总数的17.9%。

生产作业不慎

生产作业不慎主要是指违反生产安全制度引起火灾。2012年，全国因生产作业不慎引发的火灾占到了总数的4.1%，具体情况如：

（1）在易燃易爆的车间内动用明火，引起爆炸起火；

（2）将性质相抵触的物品混存在一起，引起燃烧爆炸；

（3）在用气焊焊接和切割时，飞迸出的大量火星和熔渣，因未采取有效的防火措施，引燃周围可燃物；

（4）在机器运转过程中，不按时加油润滑，或没有清除附在机器轴承上面的杂质、废物，使机器该部位摩擦发热，引起附着物起火；

（5）化工生产设备失修，出现可燃气体，以及易燃、可燃液体跑、冒、滴、漏现象，遇到明火燃烧或爆炸等。

设备故障

在生产或生活中，一些设施设备疏于维护保养，导致在使用

过程中无法正常运行，因摩擦、过载、短路等原因造成局部过热，从而引发火灾。例如，一些电子设备长期处于工作或通电状态下，因散热不力，最终过热导致内部故障而引发火灾。

玩火

未成年儿童因缺乏看管，玩火取乐，也是造成火灾发生常见的原因之一。此外，每逢节日庆典，不少人喜爱燃放烟花爆竹来增加气氛，被点燃的烟花爆竹本身即是火源，稍有不慎，就易引发火灾，还会造成人员伤亡。

雷击

雷电导致的火灾原因，大体上有 3 种，在雷击较多的地区，建筑物上如果没有设置可靠的防雷保护设施，便有可能发生雷击起火。

2. **火场逃生**

（1）熟悉环境法

就是要了解和熟悉我们经常或临时所处建筑物的消防安全环境。对我们通常工作或居住的建筑物，事先可制定较为详细的逃生计划，以及进行必要的逃生训练和演练。对确定的逃生出口、路线和方法，要让所有成员都熟悉掌握。必要时可把确定的逃生出口和路线绘制成图，张贴在明显的位置，以便平时大家熟悉，一旦发生火灾，则按逃生计划顺利逃出火场。

（2）迅速撤离法

逃生行动是争分夺秒的行动。一旦听到火灾警报或意识到自己可能被烟火包围，千万不要迟疑，要立即跑出房间，设法脱险，切不可延误逃生良机。

（3）毛巾保护法

火灾中产生的一氧化碳在空气中的含量过 1.28% 时，即可导致

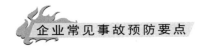

人在 1 ~ 3 min 内窒息死亡。同时，燃烧中产生的热空气被人吸入，会严重灼伤呼吸系统的软组织，严重的也可致人员窒息死亡。逃生的人员多数要经过充满浓烟的路线才能离开危险的区域。逃生时，可把毛巾浸湿，叠起来捂住口鼻，无水时，干毛巾也可。身边如没有毛巾，餐巾布、口罩、衣服也可以代替。要多叠几层，使滤烟面积增大，将口鼻捂严。穿越烟雾区时，即使感到呼吸困难，也不能将毛巾从口鼻上拿开。

（4）通道疏散法

楼房着火时，应根据火势情况，优先选用最便捷、最安全的通道和疏散设施，如疏散楼梯、消防电梯、室外疏散楼梯等。从浓烟弥漫的建筑物通道向外逃生，可向头部、身上浇些凉水，用湿衣服、湿床单、湿毛毯等将身体裹好，要低势行进或匍匐爬行，穿过险区。如无其他救生器材时，可考虑利用建筑的窗户、阳台、屋顶、避雷线、落水管等脱险。

（5）绳索滑行法

当各通道全部被浓烟烈火封锁时，可利用结实的绳子，或将窗帘、床单、被褥等撕成条，拧成绳，用水沾湿，然后将其拴在牢固的暖气管道、窗框、床架上，被困人员逐个顺绳索沿墙缓慢滑到地面或下到未着火的楼层而脱离险境。

（6）低层跳离法

如果被火困在二层楼内，若无条件采取其他自救方法并得不到救助，在烟火威胁、万不得已的情况下，也可以跳楼逃生。但在跳楼之前，应先向地面扔些棉被、枕头、床垫、大衣等柔软物品，以便"软着陆"。然后用手扒住窗台，身体下垂，头上脚下，自然下滑，以缩小跳落高度，并使双脚首先落在柔软物上。如果被烟火围困在三层以上的高层内，千万不要急于跳楼，因为距地面太高，往下跳时容易造成重伤和死亡。只要有一线生机，就不要冒险跳楼。

（7）借助器材法

人们处在火灾中，生命危在旦夕，不到最后一刻，谁也不会放弃生命，一定要竭尽所能设法逃生。逃生和救人的器材设施种类较多，通常使用的有缓降器、救生袋、救生网、救生气垫、救生软梯、救生滑杆、救生滑台、导向绳、救生舷梯等，如果能充分利用这些器材和设施，就可以火"口"脱险。

（8）暂时避难法

在无路可逃生的情况下，应积极寻找暂时的避难处所，以保护自己，择机而逃。如果在综合性多功能大型建筑物内，可利用设在电梯、走廊末端以及卫生间附近的避难间，躲避烟火的危害。如果处在没有避难间的建筑里，被困人员应创造避难场所与烈火搏斗，求得生存。首先，应关紧房间迎火的门窗，打开背火的门窗，但不要打碎玻璃，窗外有烟进来时，要赶紧把窗子关上。如门窗缝或其他孔洞有烟进来时，要用毛巾、床单等物品堵住，或挂上湿棉被、湿毛毯、湿床袋等难燃物品，关不断向迎火的门窗及遮挡物上洒水，最后淋湿房间内一切可燃物，一直坚持到火灾熄灭。另外，在被困时，要主动与外界联系，以便极早获救。如房间有电话、对讲机，要及时报警。如没有这些通讯设备，白天可用各色的旗子或衣物摇晃，向外投掷物品，夜间可摇晃点着的打火机、划火柴、打开电灯、手电向外报警求援，直到消防队来救助脱险或在能疏散的情况下择机逃生。在逃生过程中如果有可能应及时关闭防火门、防火卷帘门等防火分隔物，启动通风和排烟系统，以便赢得逃生的救援时机。

（9）标志引导法

在公共场所的墙面上、顶棚上、门顶处、转弯处，要设置"太平门""紧急出口""安全通道""火警电话"以及逃生方向箭头、事故照明灯等消防标志和事故照明标志。被困人员看到这些标志时，马上就可以确定自己的行为，按照标志指示的方向有秩序地撤离逃生，以解"燃眉之急"。

（10）利人利己法

在逃生过程中如看见前面的人倒下去了，应立即扶起，对拥挤的人应给予疏导或选择其他疏散方法予以分流，减轻单一疏散通道的压力，竭尽全力保持疏散通道畅通，以最大限度减少人员伤亡。

3. 预防火灾的基本方法

预防火灾的基本方法有控制可燃物、控制助燃物、消除着火源、阻止火势蔓延等。

（1）控制可燃物

基本原理是限制燃烧的基础或缩小可能燃烧的范围。具体方法是：

① 以难燃烧或不燃烧的代替易燃或可燃材料（如用不燃材料或难燃材料作建筑结构、装修材料）；

② 加强通风，降低可燃气体、可燃烧或爆炸的物品采取分开存放、隔离等措施；

③ 用防火涂料浸涂可燃材料，改变其燃烧性能；

④ 对性质上相互作用能发生燃烧或爆炸的物品采取分开存放、隔离等措施。

（2）控制助燃物

其原理是限制燃烧的助燃条件，具体方法是：

① 密闭有易燃、易爆物质的房间、容器和设备，使用易燃易爆物质的生产应在密闭设备管道中进行；

② 对有异常危险的生产采取充装惰性气体（如对乙炔、甲醇氧化等生产充装氮气保护）；

③ 隔绝空气储存，如将二硫化碳、磷储存于水中，将金属钾、

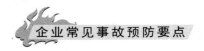

钠存于煤油中。

（3）消除着火源

其原理是消除或控制燃烧的着火源。具体方法是：

① 在危险场所，禁止吸烟、动用明火、穿带钉子鞋；

② 采用防爆电气设备，安避雷针，装接地线；

③ 进行烘烤、熬炼、热处理作业时，严格控制温度，不超过可燃物质的自燃点；

④ 经常润滑机器轴承，防止摩擦产生高温；

⑤ 用电设备应安装保险器，防止因电线短路或超负荷而起火；

⑥ 存放化学易燃物品的仓库，应遮挡阳光；

⑦ 装运化学易燃物品时，铁质装卸、搬运工具应套上胶皮或衬上铜片、铝片；

⑧ 对汽车等排烟气系统，安装防火帽或火星熄灭器等。

（4）阻止火势蔓延

其原理是不使新的燃烧条件形成，防止或限制火灾扩大。具体方法是：

① 建筑物及贮罐、堆场等之间留足防火间距，设置防火墙，划分防火分区；

② 在可燃气体管道上安装阻火器及水封等；

③ 在能形成爆炸介质（可燃气体、可燃蒸气和粉尘）的厂房设置泄压门窗、轻质屋盖、轻质墙体等；

④ 在有压力的容器上安

装防爆膜和安全阀。

4. 烧伤急救注意事项

（1）现场抢救，特别是成批烧伤病人的现场抢救是一项紧张的工作，救治人员必须沉着、镇静，有组织地协调工作，不可忙乱。

（2）衣服着火时，要制止伤员奔跑呼叫，以免助燃和吸入火焰，并使伤员迅速离开密闭和通气不良的现场。防止吸入烟雾和高热空气引起吸入性损伤。

（3）化学烧伤时，往往同时有热力烧伤和中毒，抢救人员应全面考虑和处理。务必弄清化学物质的性质。冲洗时水要多，时间要够长，力求彻底。如疑有全身中毒的可能性，应及早处理。

（4）灭火时，力求迅速，尽可能利用身边的资源或工具。一般不用污水或泥沙进行灭火，以减少创面污染，但若确无其他可利用材料时，亦可应用污水或泥沙，不要因此而使烧伤加深，面积加大。

（5）已灭火而未脱去的燃烧过的衣服，特别是棉衣或毛衣，务必仔细检查是否仍有余烬未灭，以免再次烧伤，或烧伤加深加重，特别是对神志不清或昏迷的伤员。

（6）对有吸入性损伤的伤员，应密切观察，并迅速后送至附近医疗单位进一步处理。

（7）除很小面积的浅度烧伤外，创面不要涂有颜色的药物或用油脂敷料，

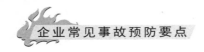

以免影响进一步创面深度估计与处理（清创等）。一般可用消毒敷料包扎或清洁被单等包裹保护创面。水疱不要弄破，也不要将腐皮撕去，以减少创面污染机会。

（8）要重视记录和各种医疗表格的填写。除记录烧伤面积、深度、复合伤和中毒等外，应将灭火方法、现场急救及治疗措施注明，并作初步的伤情分类，特别是成批烧伤时，应分清轻、重、缓、急，便于后送及进一步治疗参考。

总之，发生烧伤时如果迅速进行有效的灭火，是可以减轻伤情的。平时除加强烧伤防护措施外，还应大力开展互救自救的教育，熟练掌握各种制式灭火器材的使用，学会利用身边材料进行各类致伤原因的灭火方法，做到临危不惧，临危不乱，分秒必争。

九、车辆伤害预防要点

1. 车辆伤害

指本企业机动车辆引起的机械伤害事故。如机动车辆在行驶中的挤、压、撞车或倾覆等事故，在行驶中上下车、搭乘矿车或放飞车所引起的事故，以及车辆运输挂钩、跑车事故。

2. 造成车辆伤害事故的原因

（1）违章驾车。事故当事人，由于思想等方面的原因，不按有关规定行驶，扰乱正常的厂内搬运秩序，致使事故发生，如酒后驾车、疲惫驾车、非驾驶员驾车、超速行驶、争道抢行、违章超会车、违章装载等。

（2）疏忽大意。当事人由于心理或生理方面的原因，没有及时、正确地观察和判定道路情况而造成失误，如情绪急躁等原因引起操纵失误而导致事故。

（3）车况不良。车辆的安全装置等部件失灵或不齐全，带"病"行驶。

（4）道路环境差。厂区内的道路因狭窄、曲折、物品占道或天气恶劣等原因使驾驶员操纵困难，导致事故增加。

（5）治理不严。由于车辆安全行驶制度没有落实、治理规章制度或操纵规程不健全、交通信号、标志、设施缺陷等治理方面的原因导致事故发生。

3. 防止车辆伤害的"十项基本安全要求"

（1）未经专业、职业培训合格的人员、不熟悉车辆性能者，禁止驾驶车辆。

（2）驾驶员必须做好车辆的例保工作，车辆制动器、喇叭、转向系统、灯光等部件必须良好。

（3）翻斗车、自卸车车厢严禁乘人，严禁人、货混装，严禁超载、超高、超宽，捆扎必须牢固可靠，防止车内物体失稳跌落伤人。

（4）乘坐车辆时应坐在安全处，身体的任何部位不得露出车外。

（5）车辆进出施工现场，在场内调头、倒车，在狭窄场地内行驶时，必须有专人指挥。

（6）车辆进出现场要减速，做到"四慢"，即道路情况不明要慢；行走线路不良、照明度差时要慢；起步、交会车、倒车、停车要慢；在狭路、桥梁弯路、坡路、叉道、行人密集处及出入大门要慢。

（7）临近机动车道的作业区和脚手架等设施，以及道路中的障碍应设安全标志和防护设施，夜间应设警示灯和足够的照明。

（8）装卸车作业时，若车辆停放在坡道上，应采取防止车辆溜坡措施。

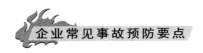

（9）在场内机动车道行走的人员，不应并排结队行走，避让车辆时，不应避让于两车交会之处，不站在无法避让的死角位置。

（10）机动车不得牵引无制动装置的车辆，牵引物体时，物体上不得有人，人员不得进入正在牵引的物和车之间。在坡道上牵引时，车和被牵引物下方不得有人作业、停留或通过。

十、受限空间作业伤害预防要点

1. 受限空间

受限空间是指工厂的各种设备内部（炉、塔釜、罐、仓、池、槽车、管道、烟道等）和城市（包括工厂）的隧道、下水道、沟、坑、井、池、涵洞、阀门间、污水处理设施等封闭、半封闭的设施及场所（船舱、地下隐蔽工程、密闭容器、长期不用的设施或通风不畅的场所等），以及农村储存红薯、土豆、各种蔬菜的井、窖等。通风不良的矿井也应视同受限空间。

2. 易发生的事故类型

（1）物体打击。许多受限空间入口处往往设有作业平台，作业人员在作业过程中，由于其安全意识不强，监护人监护不到位，在传递工具或打开窨井盖、釜盖等过程中发生物体打击伤害。

（2）中毒或窒息。大多受限空间需要定期进入进行维护、清理和定检。与这些设备连接的有许多管道、阀门，倘若安全措施不落实，未打盲板，阀门内漏，置换、通风不彻底，氧浓度不合格，往往给有毒有害物质和窒息性气体以可乘之机，滞留在受限空间内致使作业人员中毒或窒息。也有一些窨井、地窖、化粪池等在发酵菌的长期作用下，有毒气体产生、聚集，致使作业人员中毒。

　　（3）高空坠落、机械伤害。受限空间内作业条件比较复杂，如凉水塔、聚合釜内设有喷头、支架、搅拌器以及一些其他电气传动设备，在作业过程中由于作业人员的误操作、安全附件不齐全以及风力、高温等环境因素的影响，极易造成高空坠落、机械伤害等事故。

　　（4）触电。作业人员进入受限空间作业，往往需要进行焊接补漏等工作，在使用电气工器具作业过程中，由于空间内空气湿度大电源线漏电、未使用漏电保护器或漏电保护器选型不当以及焊把线绝缘损坏等，造成作业人员触电伤害。

　　（5）爆炸。由于通风不良，受限空间内有害物质挥发的可燃气体在空间内不断聚集，当其达到爆炸极限后，遇明火即会发生爆炸，造成人员、设施的损害。

　　（6）坍塌。受限空间作业使用脚手架、作业平台或作业空间临时支护应下部支撑沉降、支撑倾覆、受力过载平台脚手架发生整体垮塌，造成人员设备被掩埋、砸伤设备损坏，人员受伤后救护不力造成事故扩大。

　　（7）高温低温伤害。受限空间作业所涉及区域存在高低温辐射源，作业人员未采取相应的个体保护措施，或防护措施不力造成人员伤害；进入受限空间作业，通常是由二人或二人以上同时进行

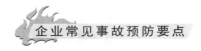

作业，当事故发生后，由于人的心理原因以及其他因素，同作业人员或监护人，不佩戴任何防护用具，急于将受害者救出，从而造成事故的进一步扩大。

3. 事故原因分析

（1）教育的问题培训工作不到位，一些生产经营单位未对从业人员进行应急知识培训，职工缺乏安全意识以及基本的自救互救知识和能力，对所从事工种中存在的危险性因素不了解。部分工程项目通过层层转包等方式由不具备相应资质的单位或人员实施作业。一些从事清污作业的企业，对长期封闭空间或废弃物、液堆积空间可能造成缺氧或产生有毒有害气体的认识不足，从业人员缺乏相关常识，作业程序不规范，作业前和作业过程中未对作业场所有毒有害气体和氧气浓度进行检测，盲目进行作业。

（2）管理的问题安全管理不到位，相关的安全规程不健全，无风或微风作业，没有对长期停产或废弃的巷道、作业现场进行气体监测和分析，发生事故后不采取安全措施，违章盲目施救。未按相关规定配备安全管理人员或安全管理人员不具备响应的资质和能力，在实施受限空间作业时安全措施制定不全面、落实不到位，最终导致事故的发生。

（3）救援或应急器具配备不足未按规定为作业人员配备防毒面具、长管面具、空气呼吸器等防护装备，也没有配备有毒有害气体检测仪器。

（4）安全投入不足安全投入不足，安全监管不力，防护器材和安全设施维护不到位，造成防护器材和安全设施的缺失、缺损，起不到应有的预防和保护作用。

（5）预案及演练缺乏针对性

部分企业应急预案编制空洞，应急处置措施不周详。预案演练流于形式，针对性不强，在应急抢险方面未形成统一的处置、救护步骤，演练实效性较差。

4. 管理控制措施

针对受限空间作业的危险性，要制定切实可行的预防措施，采取多渠道消除事故发生的必要条件，将危险控制在可接受范围内。

（1）加强对作业人员和救援人员应急知识的培训，使其了解中毒、窒息等事故可能发生的场所、危害性、特点，掌握自救、互救知识，防止盲目施救。特别是加强对从事清淤、维修作业的外来务工人员的安全生产和应急知识培训，提高安全意识和应急处置能力，并加强现场监护人员及现场负责人施工人员安全生产和应急知识培训，提高其安全意识、现场指挥协调能力、应急处置能力。

（2）加强安全保障措施，制定和完善进入受限空间作业安全管理制度。各类作业人员在进入污水管道、窨井、污水泵站、煤气管道、地下室等场所进行作业时，单位应制定相应的安全规程、应急预案，明确相关人员职责，加强现场监护，随时检测作业场所有毒有

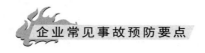

害气体变化情况。同时，作业人员应佩戴必要的防护装备。

（3）完善安全生产责任制，避免因建设项目层层转包导致出现安全监管缺失、管理盲区等情况。对转包工程应强化安全监管，明确转包方和承包方各自安全职责，严格落实相关单位、人员的安全责任。

（4）加大安全投入，提高应急能力。根据本单位的实际情况，为从业人员配备防毒面具、空气呼吸器等防护装备以及有毒有害气体检测仪器，定期检查防护、救援器材，保证其处于热备状态。不断完善安全设施，实现本质安全。

（5）科学开展应急演练。根据自身特点开展有针对性的应急预案演练，使职工熟练掌握逃生、自救、互救方法，熟悉单位以及本岗位应急预案内容，提高单位应对突发事故的处置能力。

5. 作业过程控制措施

（1）检修前检修前必须进行设备交出，对所有参与作业的人员进行教育，重申有关作业的规章制度，告知作业人员此次作业的不安全因素以及预防措施，明确作业任务、检修方案。严格落实安全措施，检查所有作业工器具是否有缺陷，包括脚手架、起重机械、电气焊用具、电动工具、扳手和钳子等。检查有关动力电源是否切断，验电效果如何。对所有的移动式电气工器具应配备漏电保护器。检修现场的坑、井、洼、沟等应填平或铺设盖板，也可设置围栏和警告标志，夜间必须设警示红灯。清理检修现场的消防通道、行车通道，确保畅通无阻。夜间作业必须备有足够的照明灯具。

（2）检修中参与检修的人员必须穿戴劳动保护用品，电气作业应遵守相关安全技术操作规程的规定。作业过程中，如感觉不适、生产异常或突然排放物料，危及作业人员生命安全时，作业人员应立即撤出作业场所，待重新确认安全措施后方可继续从事作业。

（3）检修后检修后项目负责人及作业人员应对检修项目进行确认，工器具和材料等是否遗留在作业场所。因检修拆除的盖板、扶手、栏杆、防护罩等安全设施应恢复正常。检修所用的工器具、脚手架、临时电源、临时照明应及时拆除，现场清理干净。并进行设备交出。

6. 作业安全措施

在进行受限空间检维修作业过程中，严格办理各类作业票证，针对每一项有危险性的作业活动采取有效的控制措施，项目负责人、监护人以及各级安管人员要各司其职，确保安全控制措施落实以后进行作业。

（1）所有与外界连通的管道、阀门均应与外界有效隔离，管道安全隔绝可采用插入盲板或拆除一段管道进行隔绝，不能用水封或关阀门进行隔离。作业前应切断所有与设备相连的动力电，并在操作按钮上悬挂"有人工作"的警示牌。

（2）进入受限空间作业前，确保氧含量19.5％以上，并进行彻底清理，对盛装过易燃易爆、有毒有害物质的设备进受限空间内作业时，必须进行置换，分析合格后方可作业。作业过程中持续向受限空间通空气，防止罐内缺氧。定时检测，情况异常立即停止作业，撤离人员。涂刷具有挥发性溶剂的涂料时，每小时分析一次，并采取可靠通风措施。

（3）作业过程中要及时清理受限空间入口周围的工器具，确需递送工器具时要用绳索吊送，严禁上下抛掷。进入受限空间的所有作业人员必须穿戴齐全劳动防护用品。进入不能达到清洗和置换

要求的空间作业时，应佩戴隔离式防毒面具或空气呼吸器。在易燃易爆环境中，应使用防爆灯具和工具。

（4）受限空间内照明电压应使用小于等于 36 V 的安全电压，在潮湿容器、狭小容器内作业使用小于等于 12 V 的安全电压。使用超过安全电压的手持电动工具，必须按规定配备漏电保护器。临时用电线路装置，应按规定架设和拆除，保证线路绝缘良好。

（5）现场要备有空气呼吸器（氧气呼吸器）、消防器材和清水等相应的急救用品。进入受限空间内作业人员必须是无职业禁忌症的健康人员，酒后或带病人员严禁进入受限空间内作业。

（6）进受限空间内作业必须设专人监护，严格履行监护人的职责，不得随意离开现场，如果作业人员晕倒，也可在第一时间内实施抢救。受限空间内登高属于特殊登高作业，必须戴带安全带，将安全带挂钩挂在合适的位置（注意不要挂在传动设备上），符合高挂低用的使用要求。

（7）进受限空间内进行抢救时，救护人员必须做好自身的防护，确保自身安全的前提下方能进受限空间内实施抢救。

（8）不准向受限空间内充氧气或富氧空气，防止发生火灾爆炸事故，使用电气焊作业时，焊具必须安全可靠，完整无损，使用气焊割具时，随用随放，用后立即提出罐外，严禁在罐内存放。电焊机必须加装漏电保护器，保持焊机的干燥和清洁，电源线和接地线符合使用要求。

（9）受限空间内存在的有毒有害物料确实无法处理时，必须经有关部门批准，采取安全可靠的措施后，方可进入受限空间内作业。

十一、常见外伤的现场救护

在日常生产工作中，碰到意外伤害的事不在少数，学一些应急救护知识，减少伤害很有必要。

1. 颅脑外伤

颅脑外伤就是头部因外力打击而受到的伤害，包括头皮、颅骨及脑组织的损伤、颅内出血等。颅脑外伤是一种非常严重的甚至可能危及生命的损伤。伤者一般表现为昏迷、头痛剧烈、呕吐频繁、左右瞳孔大小不同等症状。对颅脑外伤伤员的急救要注意以下几点：

应让伤者平卧，尽量减少不必要的活动，不要让其坐起和行走。需要运送时，最好是一人抱头，一人托腰，一人抬起臀部平稳地放在担架或

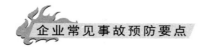

木板上。

对伤口内（尤其是嵌入头颅里）的异物，如木片、碎石子、金属等物，不能随便去除，一旦不恰当地取出，常可能弄断神经、碰破血管，造成严重后果。

不要马上给伤者服用止痛片、打止痛针，以免在接受医生检查时，掩盖病情真相，贻误治疗。而且颅脑外伤者容易呕吐，也不宜口服药物。

有鼻、耳出血者，不能用药棉填塞，以免加重颅内积血和感染，应任其外流。只有耳廓或鼻部表面皮肤破损出血，才能用压迫法止血。

意识不清或昏迷伤者绝对不要用粗蛮办法弄醒，要注意其呼吸道通畅，以免呕吐物及痰阻塞气道。

脑组织（即脑浆）从伤口流出时，千万不可把流出的脑组织再送回伤口，也不可用力包扎，应在伤口周围用消毒纱布做成保护圈，必要时用一清洁小碗盖在伤口上，用干纱布适当包扎止血，以防止脑受压。

尽快送伤者到就近医院抢救，运送途中应把伤者头转向一侧，便于清除呕吐物和痰。

2. **胸部创伤**

胸部创伤分为胸壁皮肤软组织伤、胸廓骨折和胸腔内脏伤三类。前二类伤的处理主要是进行止血包扎。胸腔内脏伤按胸壁有无刺穿可分为：封闭性创伤和吸气性创伤。这两种伤害都必须及时抢救，否则伤员会有生命危险。

（1）封闭性创伤

封闭性创伤是因肋骨折断，刺进肺中而造成的。主要表现为伤者局部疼痛，深呼吸或咳嗽时疼痛加重。其急救要点为：

① 如发现伤者咳出红色的泡沫状血液，应扶起伤者上身，使其身体倾向受伤一侧。接着将受伤一侧的手臂斜放在伤者胸前，其手掌安放在另一侧的肩头上。

② 可用三角巾裹扎伤者手臂，使其位置比臂悬巾高。然后将三角巾底边一端置于伤者未受伤一侧的肩头上，另一巾头则拉至肘部以下。整幅悬巾应垂下，盖住受伤一侧的手部和前臂。

③ 将悬巾底边轻轻地摺入伤者手部、前臂和肘部之下，再拿起底边下端，绕过背部至没受伤一侧的肩头上，把上下两端在锁骨窝上打个结。

④ 将三角巾的另一巾尖端推入肘下，用别针扣好或用胶布贴牢，也可塞进绷带内。如可能的话，让伤者用另一只手托住悬巾。

⑤ 如肺被刺破严重，肺里的空气漏出来就会充满一侧胸腔，肺就会缩小，还会把心脏推向健康的一侧肺并将其压瘪。如果伤者出现呼吸困难的症状，应立即进行急救，可用几根粗针头插进伤侧锁骨中线第二肋和第三肋之间排气，以降低胸膜腔内的压力，使肺组织回复，恢复肺的功能。

⑥ 如伤者表现为咳嗽时喷出血液或休克，伤侧胸廓肋间饱满，说明胸腔内有大量出血，应急送就近医院抢救，切勿延误。

（2）吸气性创伤

吸气性创伤多是胸壁为利器刺穿，或折断的肋骨凸出胸壁外而造成。伤者呼吸时，空气不经过呼吸道，而是直接从伤口吸入胸内，同时带血的液体会由伤口冒泡而出。其急救要点为：

① 应让伤者躺下，然后扶起伤者的上身，使其身体倾向受伤一侧，以免伤者胸内的血流向另一侧，可以避免未受伤侧的肺受到波及。可用椅垫或自己的膝部支撑伤者的上半身。

② 替伤者止血，先在伤者吸气时，用手按住伤口，继而在伤口处用纱布、毛巾等物堵住伤口。如怀疑伤者肋骨已断，切勿在伤口施压。

③ 如发现空气从伤口进出肺部，可先用手迅速将伤口盖住，接着换用纱布、毛巾等敷料；并用胶布贴牢。切勿让伤口再透气，以免伤者肺部缩陷。

④ 然后，将受伤一侧的手臂斜放于伤者的胸部，系三角巾，加以固定。

⑤ 注意伤者躺卧姿势是否舒适，立即送往附近医院治疗。

3. 腹部外伤

腹腔内有肝、脾、胃、肠、膀胱等器官，腹部受伤时上述脏器有可能发生破裂，对伤者生命造成威胁。其主要表现为：剧烈腹痛，由局部波及全腹，面色苍白，全身湿冷，脉搏细弱，发热，排尿困难等。其急救要点为：

（1）内脏凸出体外的腹部创伤的急救

① 让伤者平直仰卧，伤口若是纵向的，双脚用褥垫或衣服稍微垫高，切勿垫高头部。伤口若是横向的，膝部弯曲，头和肩垫高。

② 轻轻掀开伤口部位的衣服，使伤口露出，以便于护理。切勿直对伤口咳嗽、打喷嚏、喘气。以免伤口细菌感染。

③ 切勿用手触及伤口，有肠、胃等内脏脱出时禁止挤压和回纳，用消毒碗覆盖其上，或用大块纱布或清洁的布料，浸温水后拧干围住脱出的脏器，然后用三角巾或绷带轻轻地包扎，不可用力。

④ 禁止给伤者喝水或吃东西。给伤者盖上毯子或外衣保暖。上肢露在外面，以便检查伤者的脉搏。

⑤ 应尽快召来救护人员，但不可离开太久。要经常检查伤者脉搏和呼吸情况，密切注视其变化。

（2）无内脏凸出体外的急救

应使伤者平直仰卧，并将其脚部稍微垫高。这种姿势有助于伤口闭合，但需注意，切勿用枕头、衣服置于伤者脑后。

将伤者腹部受伤部位的衣服轻轻掀开，使伤口露出，然后在伤口处敷上纱布或清洁的布块，用以止血。

用绷带或其他布带裹住伤口，但不可裹得太紧。绷带如要打结，切勿打在伤口处，以免与伤口发生摩擦，损坏伤口。

如果伤者咳嗽或呕吐，应轻按敷料以保护其伤口，防止内脏凸出。不要让伤者进食，如果伤者口干，可用水给他润一润嘴唇。

用毯子或上衣覆盖伤者身体，任其上肢露在外面。应松开伤者领部和腰部的衣服，以利于伤者的呼吸和血液循环。

尽快召来急救人员，或者尽快送伤者去医院抢救。

4. 骨折

人体发生骨折后，主要表现为：受伤部位软组织肿胀、皮下淤血；肢体局部畸形。如是上肢骨折，则表现为不能伸屈胳膊；下肢骨折则表现为无法行走等症状。对于骨折伤员的急救要点为：

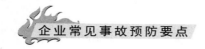

（1）处理伤口。对出血伤口或大面积软组织撕裂伤，应立即用急救包、绷带或清洁布等予以压迫包扎，绝大多数可达到止血的目的。有条件者，在包扎前先用双氧水和凉开水清洗伤口，再用酒精消毒，作初期清创处理。

对伤口处外露的骨折断端、肌肉等组织，切忌把它们送回伤口内，因为已被污染，会将细菌和异物带进伤口深部而引起化脓性感染。如有条件，可用消毒液冲洗伤口后，再用无菌敷料或干净布暂时包扎，送到医院后再作进一步处理。

骨折部位随着时间的推移会越来越肿，即使起初包扎得很好，也会变得不舒服，所以每隔30 min要重新包扎一次。

（2）固定断骨。及时正确地固定断骨，可减少伤者的疼痛及周围组织的继发损伤，同时也便于伤者的搬运和转送。固定断骨的工具可就地取材，如棍、树枝、木板、拐杖、硬纸板等都可作为固定器材，但其长短要以固定住骨折处上下两个关节或不使断骨处错动为准。如一时找不到固定的硬物，也可用布带直接将伤肢绑在身上。

（3）适当止痛。骨折会使人疼痛难忍，特别是有多处骨折，容易导致伤者发生疼痛休克，因此，可以给伤者口服止痛片等，作止痛处理。

（4）安全转运。经过现场紧急处理后，应将伤者迅速、安全地转运到医院进一步救治。转运伤者过程中，要注意动作轻稳，防止震动和碰撞伤处，以减少伤者的疼痛。同时还要注意伤者的保暖和适当的体位，昏迷伤者要保持呼吸道畅通。在搬运伤者时，不可采取一人抱头、一人抱脚的抬法，也不应让伤者屈身侧卧，以防骨折处错移、摩擦而引起疼痛和损伤周围的血管、神经及重要器官。抬运伤者时，要多人同时缓缓用力平托；运送时，必须用木板或硬材料，不能用布担架或绳床。木板上可垫棉被，但不能用枕头，颈椎骨骨折伤者的头须放正，两旁用沙袋将头夹住，不能让头随便晃动。

脊柱骨折或颈部骨折时，除非是特殊情况，如室内失火，否则应让伤者留在原地，等待携有医疗器材的医护人员来搬动。

（5）多处受伤的伤者，急救应以关键部位为主。

5. 肢体切断

断肢（指）后，有时即刻造成伤者因流血或疼痛而发生休克，所以应设法首先止血，防止伤员休克。其急救要点为：

让伤者躺下，用一块纱布或清洁布块（如翻出干净手帕的内面），放在断肢伤口上，再用绷带固定位置。如果找不到绷带，也可用围巾包扎。

如是手臂切断，用绷带把断臂挂在胸前，固定位置；若是一条腿断了，则与另一条腿扎在一起。

料理好伤者后，设法找回断肢。倘若离断的伤肢（指）仍在机器中，千万不能将肢体强行拉出，或将机器倒开（转），以免增加损伤的机会。正确的方法应是拆开机器后取出。

取下断落的肢（指）体后，立即用无菌纱布或干净布片包扎，然后放入塑料袋或橡皮袋中，结扎袋口。若一时未准备好袋子或消毒纱布，可暂置于4℃的冰箱内（不应放在冰冻室内，以免冻伤）。运送时应将装有断伤肢体的袋子放入合适的容器中，如广口保温桶等，周围用冰块或冰棍冷冻，迅速同伤员一起送医院以备断肢（指）再植。

离断后的伤肢，如有少许皮肤或其他肌腱相连，不能将其离断，应放在夹板或阔竹片上，然后包扎，立即送到医院作紧急处理。

严禁在离断伤肢（指）的断端涂抹各种药物及药水（包括消毒剂），更不能涂抹牙膏、灶灰之类试图止血。

严禁将断落后的肢体浸泡在酒精或福尔马林液中，否则会造成肢体组织细胞凝固、变性，失去再植机会；同样，也不能浸在高渗葡萄糖液或低渗液中。装有断肢（指）的袋子不能有破裂，应防止冰块与其直接接触，以免冻伤。

6. 眼内异物的急救

（1）异物进入眼睛后，千万不要用手去揉眼。伤者可以反复眨眼，激发流泪，让眼泪将异物冲出来。

（2）或者用手轻轻把患眼的眼睑提起，眼球同时上翻，泪腺就会分泌出泪水把异物冲出来，也可以同时咳嗽几声，把灰尘或沙粒咳出来。

（3）取一盆清水，吸一口气，将头浸入水中，反复眨眼，用水漂洗，或用装满清水的杯子罩在眼上，冲洗眼睛。也可以侧卧，用温水冲洗眼睛。

（4）如果异物还留在眼内，可请人翻开上眼皮，检查上眼睑的内表面。或者拿一根火柴杆或大小相同的物体抵住伤者的上眼皮，另一只手翻起伤者下眼皮，检查下眼睑的内表面。一旦发现异物所在，用棉签或干净手帕的一角或湿水后将异物擦掉，也可用舌头舔下；

（5）如果异物在黑眼球部位，应让患者转动眼球几次，让异物移至眼白处再取出。

（6）如果异物是铁屑类物质，先找一块磁铁洗净擦干，将眼皮翻开贴在磁铁上，然后慢慢转动眼球，铁屑可能被吸出。如果不易取出，不应勉强挑除，以免加重损伤引起危险。应立即送医院处理。

（7）异物取出后，可适当滴入一些消毒眼药水或挤入眼药膏，以预防感染。

（8）眼睛如被强烈的弧光照射，产生异物感或疼痛，可用鲜牛奶或人乳滴眼，一日数次，一至两天即可治愈。

（9）采用上述方法无效或愈加严重，或异物嵌入眼球无法取出，或虽已被剔除，患者仍诉说感到持续性疼痛时，应用厚纱布垫覆盖患眼，请医生诊治。

7. 眼睛刺伤的急救

（1）让伤者仰躺，设法支撑住头部，并尽可能使之保持静止

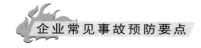

不动。伤者应避免躁动啼哭。

（2）物体刚入眼内，切勿自行拔除，以免引起不能补救的损失。

（3）切忌对伤眼随便进行擦拭或清洗，更不可压迫眼球，以防更多的眼内容物的挤出。

（4）见到眼球鼓出，或从眼球脱出东西，千万不可把它推回眼内，这样做十分危险，可能会把可以恢复的伤眼弄坏。

（5）用消毒纱布，轻轻盖上，再用绷带松松包扎，以不使覆盖的纱布脱落移位为宜。如没有消毒纱布，可用刷洗过的手帕或未用过的新毛巾覆盖伤眼，再缠上布条。不可用力，以不压及伤眼为原则。

（6）如有物体刺在眼上或眼球脱落等情况，可用纸杯或塑料杯盖在眼睛上，保护眼睛，千万不要碰触或施压。然后再用绷带包扎。

（7）包扎时应注意进行双眼包扎，因为只有这样才可减少因健康眼睛的活动而带动受伤眼睛的转动，避免伤眼因摩擦和挤压而加重伤口出血和眼内容物继续流出等不良后果。

（8）包扎时不要滴用眼药水，以免增加感染的机会，更不应涂眼药膏，因为眼药膏会给医生进行手术修补伤口带来困难。

（9）立即送医院医治，途中病人应采取平卧位，并尽量减少震动。

8. 如何正确处理小关节扭伤

人们在运动、劳动时经常发生一些小关节扭伤，如"崴脚""戳手"就是踝关节、腕关节的扭伤。由于小关节扭伤比较常见，所以多是自己进行处理，觉得不是什么大病，不必去医院。由于自己对处理原则把握不准，所以往往采取错误的做法。有人在关节扭伤后，马上用很烫的热水浸泡或用烧热的白酒揉搓扭伤处。殊不知，刚刚扭伤的关节内的许多毛细血管正在出血，此刻用热水浸泡、白酒揉搓扭伤处，不但不能止血，反而会使血液循环加快，结果是毛细血管出血越多，扭伤处关节内淤血越多，肿胀越甚，对扭伤关节的恢复越不利。

正确的做法是积极采取冷却止血的措施，用冰袋或冷水敷在患处约 10 min，使血管收缩，降低局部血流量，以起到止血作用，然后待肿痛基本上消散后，再改用皮肤可接受的温水敷患处，以活血化瘀消除关节内淤血。同时，可抬至高处，以加快血液的回流，不至于使血流到血管破裂处而大量渗出，促使血肿消散。

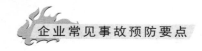

扭伤后又一个常见的错误做法是：患者自己或他人盲目地揉搓患处，一是为了止痛，二是认为揉搓可以活血祛瘀，理筋通络，加快扭伤的恢复。却不知，过分用力揉搓患处，会使肌肉间的组织液渗出增多，使扭伤的关节更加肿胀疼痛，反而加重了扭伤的症状。

所以，发生扭伤后，一是不要用热敷，二是不要揉搓患处。